HAMON & JAMES

MANUEL DE L'AVIATEUR

NOTIONS GÉNÉRALES
:: SUR L'AVIATION ::

A l'usage des aviateurs
et des candidats
aux troupes de l'Aéronautique Militaire

4ᵉ ÉDITION
revue et mise à jour par R. DESMONS

LIBRAIRIE AÉRONAUTIQUE

40, rue de Seine, PARIS

MANUEL
DE L'AVIATEUR

HAMON & JAMES

MANUEL DE L'AVIATEUR

NOTIONS GÉNÉRALES
:: SUR L'AVIATION ::

A l'usage des aviateurs
et des candidats
aux troupes de l'Aéronautique Militaire

4ᴱ ÉDITION
revue et mise à jour par R. DESMONS

LIBRAIRIE AÉRONAUTIQUE

40, rue de Seine, PARIS

NOTE DES ÉDITEURS

Par suite de nombreux points de contact qui
existent entre les troupes d'aviation et d'aéronautique, nous avons jugé inutile de faire figurer dans
ce Manuel tout ce qui concerne les cordages,
nœuds, etc. Cette matière ayant été traitée de façon
complète par le capitaine Do dans son *Manuel de
l'aérostier*, nous ne pouvons mieux faire que de
renvoyer nos lecteurs à cet ouvrage.

MANUEL DE L'AVIATEUR

CHAPITRE PREMIER

LA RÉSISTANCE DE L'AIR ET SES LOIS

1. — Résistance de l'air.

L'air qui nous entoure oppose une certaine résistance au mouvement des corps qui s'y déplacent.

Nous savons tous qu'il faut exercer un effort pour manier un éventail, agiter une étoffe déployée, un parapluie ouvert, etc.

C'est bien l'air qui est cause de cette résistance. On peut le démontrer par l'expérience suivante :

Si nous enfermons dans un long tube de verre des corps variés : morceaux de plomb, de bois, de papier, barbes de plumes, poudre de lycopode, et que nous retournions le tube, les différents corps tombent avec des vitesses très différentes : les plus lourds arrivent en bas les premiers, tandis que les plumes et la poudre descendent lentement. Supposons qu'on fasse le vide dans le tube, en aspirant l'air avec une machine pneumatique. Tous les corps tombent alors avec la même vitesse. La poudre de lycopode et les morceaux de papier arrivent en bas en même temps que les grains de plomb. C'était donc bien l'air qui entravait inégalement les corps dans leur mouvement de chute.

Cette propriété de l'atmosphère, de s'opposer au mouvement des corps qui s'y déplacent, s'appelle la *résistance de l'air*.

2. — Aérodynamique.

On appelle *aérodynamique* la science qui étudie les lois de la résistance de l'air.

La résistance éprouvée par les corps dans leur déplacement dans l'air dépend de leur forme, du poli de leur surface. de leur position, de la vitesse du déplacement.

Les recherches sur ces phénomènes, faites dans les laboratoires aérodynamiques par des méthodes différentes qui se contrôlent les unes les autres, ont permis d'établir les principaux résultats suivants :

3. — Surfaces planes perpendiculaires au déplacement (fig. 1).

Pour ces surfaces, la résistance de l'air R est une force dirigée en sens inverse du déplacement, perpendiculairement à la plaque et appliquée au centre C, qu'on appelle centre de résistance ou centre de poussée.

Elle est proportionnelle à la surface S de la plaque (surface doublée, force doublée).

Elle est proportionnelle au carré de la vitesse ($V \times V$); par exemple pour une vitesse double, la force de réaction est $2 \times 2 = 4$ fois plus grande (1).

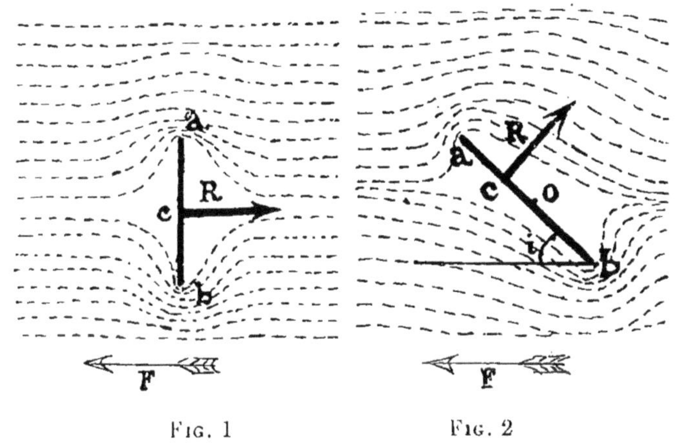

Fig. 1   Fig. 2

4. — Plaques planes inclinées (fig. 2).

Pour ces surfaces, la résistance de l'air est

(1) Ces résultats peuvent se traduire par la formule $R = KSV^2$, dans laquelle K est un coefficient numérique égal à 0,08 environ. Si on fait dans la formule S = 1 mètre carré, V = 1 mètre seconde, il vient R = K, le coefficient K mesure donc la résistance d'un plan de 1 mètre carré se déplaçant à la vitesse de 1 mètre par seconde. Cette résistance est de 0 kil. 08.

dirigée perpendiculairement à la plaque, en sens inverse du déplacement. Elle tend donc à la tirer vers le haut et en arrière, c'est-à-dire à la retarder et à la soulever.

Elle croît avec l'inclinaison i, suivant une loi compliquée. On admet, avec une approximation, suffisante dans la pratique, qu'elle est proportionnelle à l'inclinaison jusqu'à 15° (1).

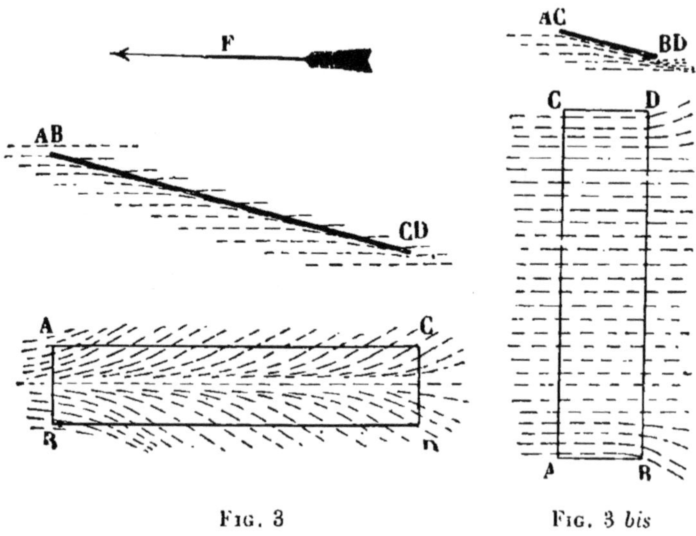

Fig. 3   Fig. 3 bis

La position du centre de résistance C varie avec l'inclinaison; il est toujours entre le centre O de la plaque et le bord d'attaque a, et d'autant plus près de ce dernier que l'inclinaison est plus petite.

(1) Ces résultats peuvent se représenter grossièrement par $R = KSV^2 i$. En réalité, il n'y a pas de formule capable de représenter exactement la résistance des plaques inclinées.

L'inclinaison s'appelle aussi incidence, on l'exprime habituellement en degrés.

Pour des plaques de même surface, de même inclinaison, mais de formes différentes, la résistance varie avec la forme Par exemple, un rectangle, attaquant l'air par le petit côté (fig. 3), reçoit une poussée moindre qu'un rectangle identique attaquant l'air par son grand côté (fig. 3 *bis*). L'allongement de la surface en envergure augmente la réaction de l'air.

5. — Plaques courbes (fig. 4).

Les plaques courbées en arc et recevant l'air par leur face inférieure concave se comportent, à

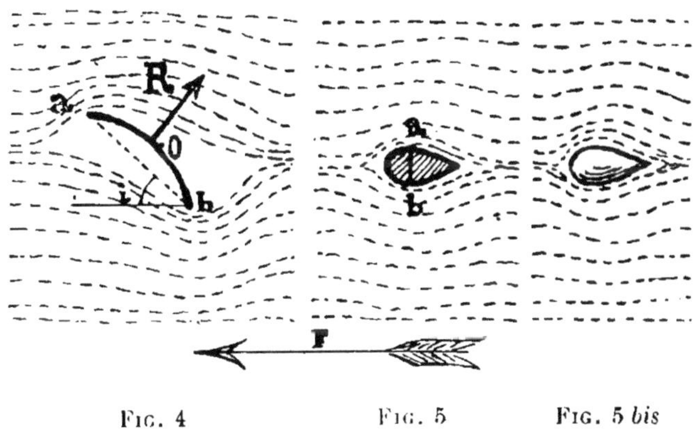

Fɪɢ. 4   Fɪɢ. 5   Fɪɢ. 5 *bis*

peu près, comme les plaques planes, sauf que pour les petites inclinaisons (0 à 15°), le centre de résistance C s'éloigne du bord d'attaque *a* quand l'inclinaison diminue, jusqu'à passer en arrière du centre O de la plaque.

L'incidence d'une surface courbe se mesure habituellement par l'angle i de sa corde $a\,b$ avec la direction F du déplacement.

6. — Surfaces autres que les plaques.

Pour les corps qui affectent la forme d'une barre, l'expérience montre que, toutes choses égales d'ailleurs, la résistance varie avec la forme de la section. Elle est plus grande pour une section carrée que pour une section circulaire, qui offre elle-même plus de resistance que la forme ovale dissymétrique (fig. 5), se déplaçant le gros bout en avant. C'est cette forme de section que l'expérience montre être la plus avantageuse.

Parmi les solides géométriques, on trouve, par ordre de résistances décroissantes : le cube, le cylindre, le cylindre terminé par des hémisphères, la sphère et enfin l'ovoïde (fig. 5 *bis*), qui est la forme de bon projectile par excellence. C'est, approximativement, celle du corps des oiseaux et des poissons.

7. — Influence de la position relative des corps.

La position relative des corps influe sur la résistance qu'ils éprouvent de la part de l'air.

Deux corps placés l'un derrière l'autre, et suffisamment rapprochés, offrent une résistance totale moindre que les deux corps séparément : le second est aspiré dans le sillage de celui qui le précède.

Des corps placés côte à côte et suffisamment rapprochés, comme les tubes d'un radiateur, offrent plus de résistance que séparément, et cette résistance croît avec le rapprochement.

Deux surfaces placées parallèlement l'une au-dessus de l'autre, comme les deux ailes d'un biplan, se nuisent mutuellement. Elles ont, ainsi accouplées, une force portante moindre que l'ensemble des deux prises séparément.

8. — Manière dont agit la résistance de l'air.

La résistance de l'air est due à la déviation des molécules gazeuses au passage des solides. Elle se traduit par un double phénomène : compression de l'air en avant de la surface et aspiration en arrière ; ce dernier phénomène ayant sensiblement une importance double du premier. C'est ainsi qu'une aile d'aéroplane est aspirée par sa face supérieure beaucoup plus qu'elle ne s'appuie sur les couches d'air placées au-dessous d'elle. La dépression sur le dos de l'aile a une importance environ double de la surpression sous la face inférieure.

CHAPITRE II

9. — Représentation graphique et composition des forces.

Représentation graphique. — Afin de rendre plus claires les études qui vont suivre, nous allons dire un mot de la représentation graphique des forces et de leur composition.

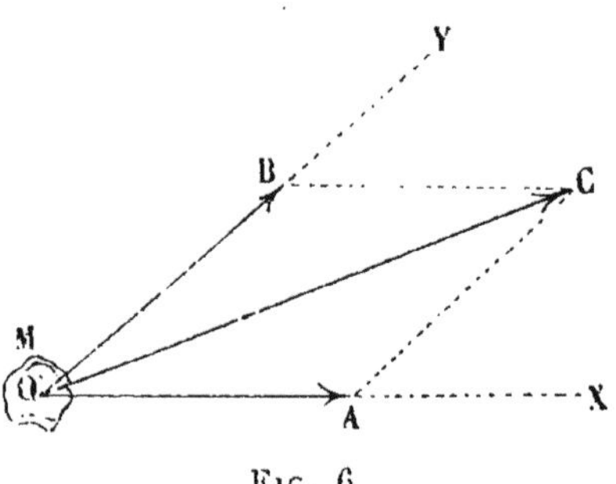

FIG. 6

Considérons un corps M (fig. 6) auquel est attachée en O une corde sur laquelle on exerce, dans la direction O X, une traction de 20 kilos. Convenons que 1 millimètre de longueur représentera 1 kilo, et portons sur O X une longueur de 20 millimètres. Ajoutons une flèche indiquant dans quel sens agit la force. Nous avons ainsi représenté graphiquement une force.

O X s'appelle la *direction* de la force,

O, le *point d'application.*

La longueur du segment (exprimée ici en millimètres) représente la grandeur de la force qu'on appelle l'*intensité.*

La direction de O vers X, dans laquelle la force sollicite le corps, s'appelle le *sens.*

La droite O A, avec le point O et la flèche, s'appelle aussi *vecteur.*

Composition des forces. — Supposons que plusieurs forces ou plusieurs cordes tirent sur M dans des directions O X et O Y par exemple, en exerçant des efforts de 20 et 30 kilos. Représentées comme il vient d'être dit, une de ces forces sera le vecteur O A, l'autre le vecteur O B. Par A, menons une parallèle à O B et par B une parallèle à O A ; elles se coupent en C. Mesurons O C, nous trouvons, par exemple, 45 millimètres. Donc, dans le mode de représentation que nous avons adopté, O C représente une force de 45 kilos dirigée suivant O C et dans le sens de O vers C. Or, si nous plaçons une troisième corde attachée au corps M suivant O C et que, supprimant les forces O A et O B, nous exercions sur O C une traction de 45 kilos, l'effet est le même que celui de O A et O B réunies. Donc, étant donné deux forces O A et O B, nous pouvons les remplacer par une seule :

O C, qui est la diagonale du parallélogramme construit sur O A et O B comme côtés. Cette construction s'appelle la *règle du parallélogramme des forces*.

La force O C s'appelle la *résultante* des forces O A et O B.

Si l'on avait plus de deux forces, on en composerait d'abord deux d'après la règle qui vient d'être donnée, puis la résultante ainsi obtenue serait composée avec la troisième force, toujours de la même façon, et ainsi de suite, jusqu'à ce qu'on ait une seule force équivalente à toutes les autres, et qu'on appelle leur *résultante*.

Réciproquement, une force O C peut toujours se décomposer, suivant deux directions O X et O Y, en deux forces O A et O B, par la construction inverse : par C on mène des parallèles à O X et O Y, et on obtient ainsi les points A et B.

10. — Principe de l'aéroplane.

Revenons à l'expérience de la plaque inclinée (fig. 2) ; nous avons vu que si nous déplaçons une plaque légèrement inclinée d'un mouvement horizontal, de façon qu'elle reçoive le choc de l'air sur sa face inférieure, elle est soumise à une force perpendiculaire à son plan qui tend à la fois à la retarder et à la soulever. Cela tient à ce que la plaque, rejetant l'air vers le bas et en avant, celui-ci résiste et tend à repousser la plaque vers le haut et en arrière.

Nous pouvons décomposer O R, suivant la règle du parallélogramme, en une force verticale O V et une force horizontale O H. O V s'appelle la *poussée* de l'air sur la surface et O H la *traînée*.

Supposons qu'au lieu d'une simple plaque il s'agisse d'un appareil constitué par un grand plan rectangulaire A B (fig. 7) analogue à la plaque, fixé à un bâti et traîné horizontalement par un propulseur (un moteur à pétrole et une hélice aérienne). Cet appareil se comportera exactement comme la plaque inclinée :

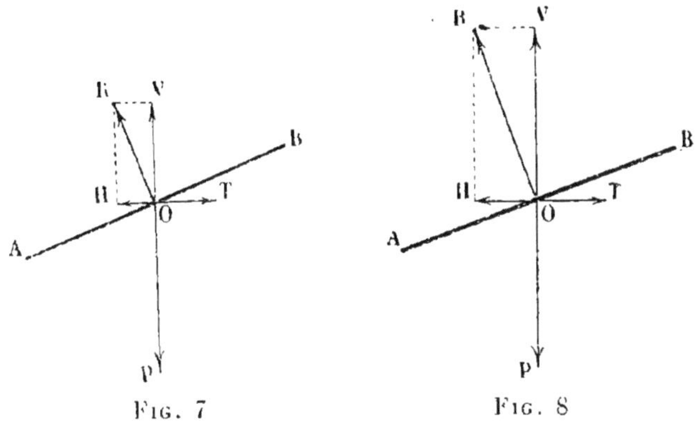

Fig. 7   Fig. 8

Sous l'influence du déplacement horizontal, dû à la traction T de l'hélice, la rencontre de l'air avec A B fera naître une force O R perpendiculaire à ce plan. A mesure que la vitesse croît, la force O R, d'abord faible, croît ainsi que ses composantes V et H. Si la puissance du propulseur est suffisante, il arrive un moment où V devient égale, puis supérieure au poids P de l'appareil (fig. 8). A ce moment, il quitte le sol et se met à monter. Quand l'aviateur juge la hauteur suffisante, il modifie l'incidence de A B par la manœuvre du gouvernail de profondeur que nous décrirons plus loin.

Toute variation d'incidence entraînant une variation de R, on conçoit qu'on puisse ainsi donner à V une valeur telle qu'elle soit juste égale au poids P de l'appareil. Alors celui-ci, n'étant plus sollicité ni par V ni par P qui s'équilibrent, se déplace horizontalement.

Mais en même temps que V croissait, la composante horizontale H de R croissait aussi.

Cette force H constitue la résistance à l'avancement de la voilure. Elle doit être annulée par la traction T de l'hélice.

En réalité, à la résistance à l'avancement H, faite par le plan A B, s'ajoute une résistance supplémentaire due à toutes les parties de l'aéroplane autres que la voilure : surfaces de gouverne, bâti, moteur, passager, train d'atterrissage, etc. Cette résistance supplémentaire s'appelle *résistance nuisible*, parce qu'elle absorbe une partie de l'effort de traction sans donner d'effet utile de sustentation.

La résistance nuisible, jointe à la résistance à l'avancement de la voilure, constitue ce qu'on appelle la *résistance totale à l'avancement* de l'aéroplane.

Quand cette résistance totale est égale à la force de traction de l'hélice, l'appareil se déplace d'un mouvement uniforme.

11. — Forces agissant sur un aéroplane
en vol horizontal.

D'après ce qui précède, nous voyons que les forces agissant sur un aéroplane en vol horizontal sont :

La pesanteur ;

La réaction de l'air sous la voilure ;

La réaction de l'air sur le corps de l'appareil ;

La force de traction de l'hélice.

Ces forces, décomposées suivant des directions parallèles et perpendiculaires à la trajectoire, peuvent se ramener à quatre forces, à savoir :

Deux forces verticales, perpendiculaires à la trajectoire :

Le poids P de l'appareil ;

La composante verticale V de la résistance de l'air.

Deux forces horizontales parallèles à la trajectoire :

La traction T de l'hélice ;

La résistance à l'avancement H de l'appareil.

Les conditions nécessaires pour permettre le vol horizontal d'un aéroplane sont :

1° Que la composante verticale V de la résistance de l'air soit égale au poids de l'appareil. $V = P$;

2° Que l'effort de traction de l'hélice soit égal à la résistance totale à l'avancement. $T = H$.

12. — Forces agissant sur un aéroplane
en descente.

Si l'aéroplane se met à la descente sur une trajectoire XX′ la pesanteur intervient pour accroître
la force motrice par sa composante p, dirigée suivant la trajectoire et dans le même sens que T
(fig. 9). En particulier, c'est la seule force motrice
agissant dans les planeurs, qui sont des aéroplanes
sans moteur.

13. — Forces agissant sur un aéroplane
en montée.

Si l'aéroplane est en montée, la composante p
intervient encore, mais dirigée en sens contraire

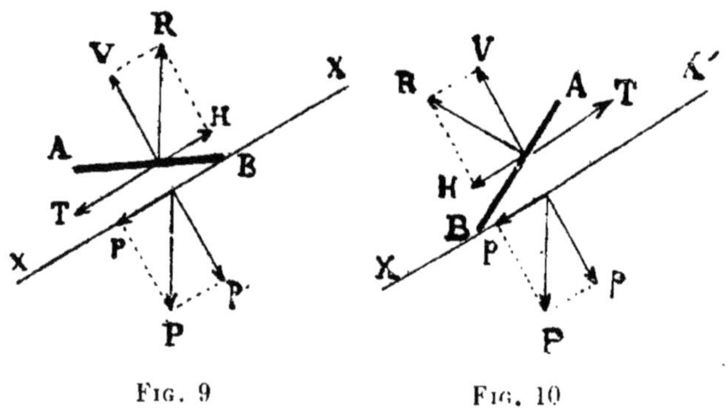

Fig. 9   Fig. 10

de T (fig. 10). Elle a donc pour effet d'accroître la
force motrice nécessaire.

14. — Conditions de fonctionnement
des aéroplanes.

De l'exposé qui précède, il résulte qu'un aéroplane volera avec une force de traction d'autant plus faible, et par conséquent avec un moteur d'autant moins puissant, que V sera plus grand par rapport à H. Toutes les améliorations apportées à l'aéroplane devront donc tendre à augmenter ce rapport V/H.

En particulier, il ne suffit pas d'avoir des voilures très portantes, il faut encore qu'elles offrent peu de résistance à l'avancement. C'est pourquoi :

1° On emploie des voilures à profil concave (fig. 4), qui sont beaucoup plus portantes que les plans pour une même résistance à l'avancement ;

2° Ces ailes concaves sont placées sous des incidences variant de 3 à 12°, pour lesquelles elles ont le plus grand rendement.

Dans ces conditions, la résistance de l'air a une direction voisine de la verticale ; par suite, sa composante verticale (sustentatrice) a une valeur très voisine de la force elle-même, tandis que la composante horizontale (résistance à l'avancement de la voilure) est très faible.

3° On diminuera autant que possible la résistance à l'avancement des parties accessoires de l'aéroplane en réduisant leur nombre, en leur donnant une forme appropriée, en les plaçant, quand cela est possible, à la suite les unes des autres, de façon qu'elles se masquent par rapport au vent de la marche, etc.

4° On donne à la voilure un grand allongement en envergure, ce qui augmente son rendement. Cet allongement (rapport de l'envergure à l'autre dimension) est habituellement compris entre 4 et 6.

5° La résistance de l'air croît proportionnellement au carré de la vitesse ; par conséquent, plus un appareil ira vite, moins il lui faudra de surface pour enlever un poids donné. Il semble donc tout indiqué de faire des appareils très rapides, ayant une petite surface. Mais on est arrêté, dans cette voie, par la nécessité de pouvoir se soutenir en l'air si le moteur s'arrête, et par les difficultés de départ et d'atterrissage.

Dans les appareils actuels, la vitesse est voisine de 25 mètres par seconde (90 kilomètres à l'heure), mais elle peut aller de 16 mètres (60 kilomètres-heure) pour les plus lents à 40 mètres (140 kilomètres-heure pour les plus rapides) (1). Le poids porté varie, suivant les appareils, entre 12 et 40 kilos par mètre carré de surface de voilure ; il se tient habituellement autour de 15 kilos pour les biplans et 25 pour les monoplans.

(1) Ces vitesses sont les vitesses propres des appareils, c'est-à-dire celles qu'ils réaliseraient par vent nul. S'il fait du vent, la vitesse de l'appareil, par rapport au sol, se trouve modifiée. S'il marche dans le sens du vent, sa vitesse, par rapport au sol, est égale à sa vitesse propre, plus celle du vent. S'il avance contre le vent, sa vitesse, par rapport au sol, est égale à sa vitesse propre, moins celle du vent.

15. — Gouvernail d'altitude. Montée et descente.

Il faut que l'aéroplane puisse, à volonté, monter, descendre ou marcher horizontalement. Dans

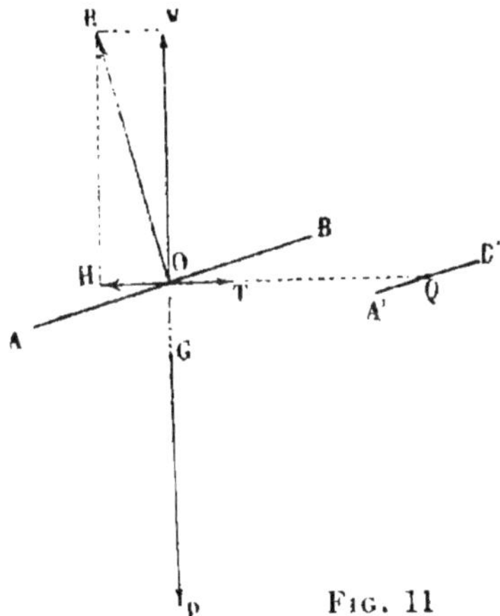

Fig. 11

ce but, il est muni d'un organe appelé gouvernail d'altitude ou équilibreur. Supposons qu'en avant du plan sustentateur A B on ait disposé une surface A'B' plus petite, et supposons que dans le cas de la figure 11, le plan A'B' soit placé de façon

telle que l'aéroplane chemine horizontalement.
Soit alors R la résultante de la résistance de l'air
sur l'ensemble de l'appareil. Décomposons-la suivant ses composantes V et H ; V est égale et directement opposée au poids P, H à l'effort de traction T. Augmentons l'inclinaison de A'B', la résis-

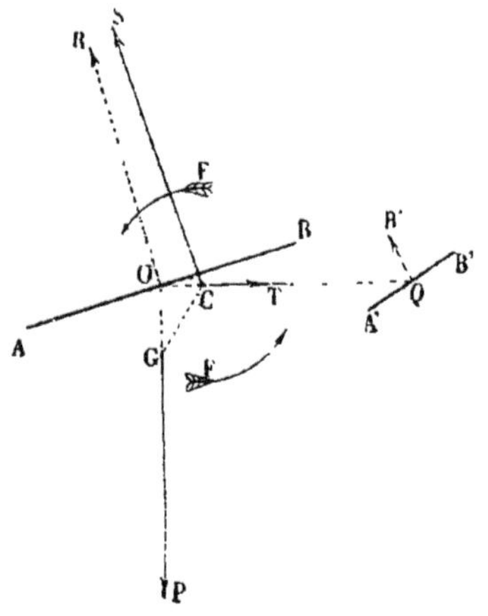

FIG. 12

tance de l'air sur A'B' augmente (fig. 12). Soit
R' cette augmentation. L'appareil est soumis à R et
R', que nous pouvons remplacer par leur résultante S, placée en avant de R. Mais S n'est plus
dans le prolongement du poids P, et l'effet de P et
de S est de faire tourner l'appareil dans le sens de
la flèche F. L'inclinaison de A B change, et, par
suite, la direction et le point d'application de la
résistance de l'air jusqu'à ce que l'appareil ait
trouvé une autre position d'équilibre pour laquelle

V et P soient dans le prolongement l'une de l'autre. L'avant de l'appareil se trouve relevé et l'aéroplane monte. La manœuvre inverse l'aurait mis en descente. On obtiendra donc la montée et la descente en inclinant A'B' en dessus ou en dessous de la position moyenne A'B' de la figure 11.

On obtiendrait le même résultat avec une surface A' B' placée à l'arrière de A B, à la condition de la manœuvrer en sens inverse.

16. — Stabilité longitudinale.

Dans tout ce qui précède, nous avons supposé l'air parfaitement calme ; en réalité, il n'en est jamais ainsi. Le milieu aérien est en perpétuel mouvement, sillonné de courants en tous sens, même quand il est calme en apparence. Quand ces courants ont une certaine intensité, on les appelle vents ou rafales.

En air calme, la sustentation résulte uniquement de la vitesse de l'appareil ; en air agité, la vitesse du vent s'ajoute à la vitesse propre de l'aéroplane ou s'en retranche, en sorte que la force R varie continuellement. Supposons que, sous l'effet d'un coup de vent, elle devienne S (fig. 12). Si S est en avant du centre de gravité, l'appareil tend à se cabrer ; si S est à l'arrière, l'appareil pique du nez.

Il en résulte des oscillations longitudinales continuelles, que le pilote doit corriger au moyen de son gouvernail d'altitude. C'est la *stabilisation longitudinale commandée*.

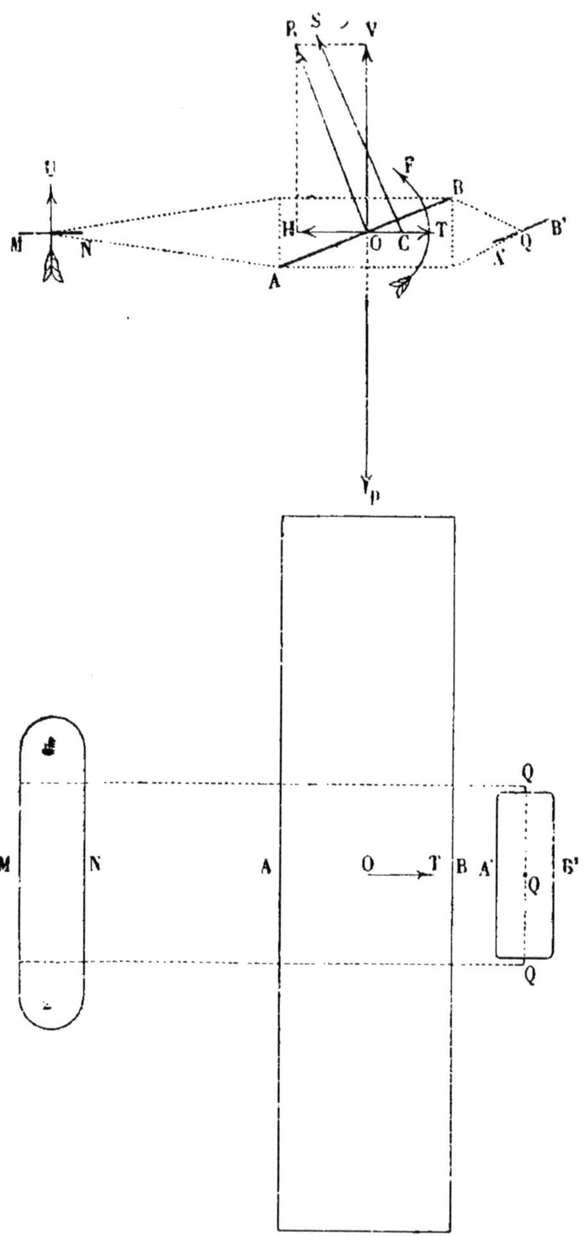

Fig. 13. — Élévation et plan schématique d'un aéroplane.

AB, surface sustentatrice ; — A′, B′ gouvernail de profondeur ; — MN, queue stabilisatrice.

17. — Queues stabilisatrices.

Certains dispositifs fixes de l'appareil permettent de corriger automatiquement ces oscillations, quand leur amplitude n'est pas trop grande, sans que le pilote ait à intervenir. On les appelle queues stabilisatrices ou empennages. Un empennage est tout simplement constitué par une surface M N, analogue aux plans A B, mais de plus petites dimensions, placée horizontalement dans le lit du vent (fig. 13). Pendant le vol horizontal, elle coupe l'air par la tranche et n'agit pas ; mais si l'appareil vient à osciller, à se cabrer, par exemple, la queue M N se présente au vent avec une certaine incidence, et reçoit, sur sa face inférieure, une poussée U de l'air (fig. 18), normale à M N, dont l'effet est de communiquer à l'appareil une rotation en sens inverse de celle de cabrage. Elle s'oppose donc au changement d'inclinaison qu'aurait produit le vent.

L'appareil ainsi stabilisé se défend seul contre les remous. On dit alors qu'il a une *stabilité propre ou naturelle ;* on dit aussi quelquefois *automatique,* par opposition avec la stabilité commandée par le pilote.

18. — Dièdre longitudinal.

Au lieu de traîner après soi une surface M N qui n'intervient pas dans la sustentation, on peut lui donner une certaine inclinaison, comme à A B. Elle devient alors portante et concourt à la sustentation. Dans ce cas, il faut avoir soin que l'inclinai-

son de la seconde surface soit inférieure à celle de
la première. Si la surface auxiliaire est à l'arrière,
comme dans les appareils à queue, elle doit avoir
une incidence inférieure à celle des ailes. Si elle est
à l'avant, comme dans les appareils canards, elle
doit avoir une incidence plus grande que celle des
ailes. De cette façon, quand l'appareil plonge de
l'avant, l'incidence et, par suite, la force portante
de la seconde surface s'annule avant celle de la première. L'arrière, n'étant plus soutenu, tombe, et
l'appareil se trouve remis d'aplomb. La disposition
des deux voitures, qui font entre elles un certain
angle, s'appelle le *V ou dièdre longitudinal.*

19. — Danger des incidences réduites.

Il est important d'éviter les grandes oscillations,
car, lorsque l'appareil plonge de l'avant, son angle
d'attaque diminue ; s'il diminue au-dessous d'une
certaine limite, la voilure ne porte plus, l'appareil
tombe verticalement, sans pouvoir se rétablir.

C'est pourquoi on ne doit pas marcher avec des
inclinaisons de voilures trop faibles ; 3° semble être
la limite inférieure.

20. — Stabilité latérale, gauchissement, ailerons.

Mais l'aéroplane peut être basculé latéralement,
dans le cas, par exemple, où le vent souffle plus
fort sous une aile que sous l'autre. Les procédés
qui servent au maintien de la stabilité latérale (ou
stabilité transversale) consistent à pouvoir faire

varier séparément la force portante de chaque aile.
Il suffira donc d'augmenter la force portante de
l'aile qui baisse, et on rétablira ainsi l'équilibre
transversal. Ce résultat s'obtient en modifiant l'incidence d'une partie ou de la totalité de l'aile : *ailerons, gauchissement*

Les *ailerons* sont des volets articulés à charnières
à l'arrière de l'aile et dans son prolongement. En
les abaissant plus ou moins, on accroît la courbure
et l'incidence de l'aile.

Dans le *gauchissement*, on obtient le même effet
par flexion de l'arrière de l'aile.

En air calme, la disposition en V des ailes, c'est-
à-dire celle d'un accent circonflexe à l'envers, est
stabilisatrice ; c'est le contraire en air agité, aussi
emploie-t-on généralement des ailes placées dans
le prolongement l'une de l'autre et se contente-t-on
de la stabilisation par gauchissement ou ailerons.

La disposition en V des ailes s'appelle dièdre latéral·

21. — Stabilité de route.

Enfin, les coups de vent peuvent avoir pour effet
de faire varier le plan de route, c'est-à-dire la direction suivie par l'aéroplane.

La présence d'un plan vertical entoilé, à l'arrière
de l'appareil, obvie à cet inconvénient et assure la
stabilité de route. Il se comporte à la façon d'un
empennage plat dans le cas de la stabilité longitudinale Ce plan vertical est, en général, tout simplement le gouvernail de direction. L'appareil

tourne-t-il à gauche, l'air aussitôt frappe la face gauche du gouvernail, qui remet l'appareil dans sa direction primitive.

22. — Gouvernail de direction. — Virage.

Ce gouvernail, analogue à celui des navires, est

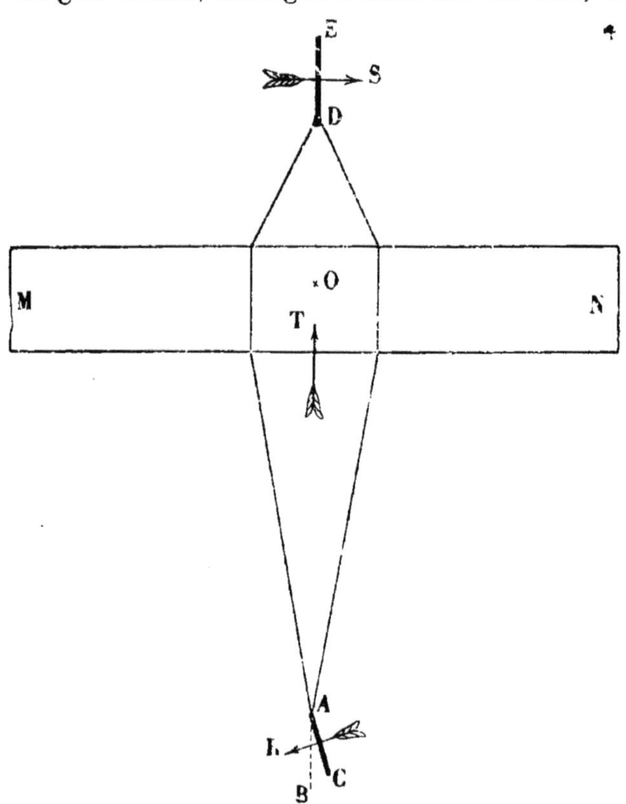

Fig. 14

AB, AC, gouvernail de direction ; — MN, surface portante ;
ED, dérive verticale.

constitué par un plan vertical A B mobile, autour
d'un axe vertical projeté en A (fig. 14). Il sert à
changer de route dans le plan horizontal.

Virage à plat. — Pour cela, on le braque en
A C, il reçoit alors une poussée R du vent. Sous
l'effet de R, l'appareil tourne sur lui-même (dans
le sens de S) autour de son centre de gravité O,
en même temps qu'il est entraîné tout entier vers
la gauche. Ce mouvement est enrayé par la résistance latérale au déplacement de l'appareil. Si
cette résistance est insuffisante ou mal placée,
on la modifie au moyen de plans de dérive ou de
cloisonnements. Ce sont des surfaces entoilées,
parallèles au plan de symétrie de l'aéroplane.
Avec le gouvernail, on vire à plat, mais on ne peut
prendre que des virages très larges.

23. — Virage penché.

On peut virer court en virant penché.

On sait que lorsqu'un véhicule passe dans une
courbe, il est soumis à l'action d'une force qui
tend à le rejeter en dehors de la courbe et qu'on
appelle la *force centrifuge*.

Pour comprendre l'effet de cette force, il suffit
de se rappeler que, lorsqu'un véhicule décrit une
courbe, les voyageurs sont violemment projetés
contre la paroi du véhicule située du côté de la
convexité de la courbe. Le véhicule, lui-même, ne
résiste au dérapage que par le frottement des
roues sur le sol si c'est une voiture, par les rails si

c'est un chemin de fer, par la résistance de l'eau contre la coque si c'est un bateau.

L'aéroplane qui vire est, lui aussi, soumis à la force centrifuge F (fig. 15); la résistance qu'il oppose au déplacement latéral est trop faible pour l'empêcher de déraper.

Aussi, au moyen du gauchissement, on l'incline vers l'intérieur, c'est-à-dire vers le centre de la courbe (fig. 16). Le dérapage est alors équilibré par une poussée latérale sous les ailes.

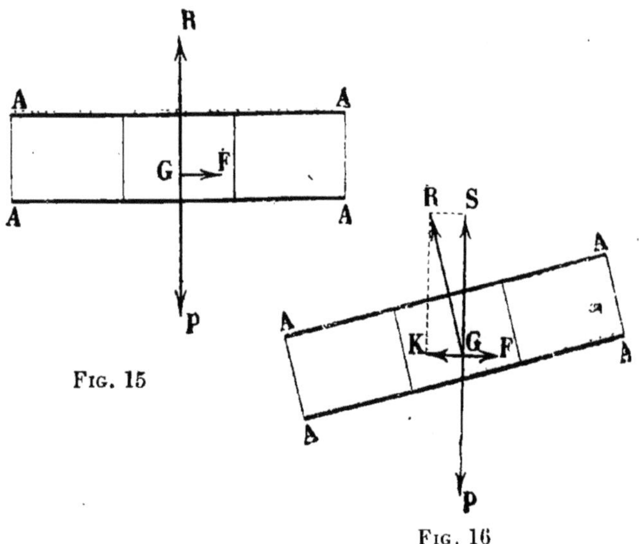

FIG. 15

FIG. 16

Dans cette position, R agissant toujours perpendiculairement à la surface, peut se décomposer en deux : S, qui équilibre le poids, et K, qui s'oppose à la force centrifuge F.

Pour une inclinaison convenable, K pourra

devenir égale à F, et il n'y aura plus de dérapage. Réciproquement, on obtiendrait le virage par simple inclinaison de l'appareil. Ceci revient, en effet, à incliner R, d'où naissance de la force K, qui fait tourner l'appareil à gauche, dans le cas de la figure.

Remarquons que si la force motrice qui donne naissance à R est juste suffisante pour soutenir l'aéroplane, celui-ci baissera dans le virage, car R reste constante, et dans le virage, elle doit équilibrer à la fois le poids P et la force centrifuge F. Pour empêcher l'aéroplane de baisser, il faut, si l'on peut, faire donner plus de puissance au moteur.

RÉSUMÉ

Un aéroplane a trois genres principaux de mouvements : les mouvements longitudinaux ou de tangage, les mouvements latéraux ou de roulis, les mouvements horizontaux ou de lacet.

Les appareils doivent être munis de surfaces auxiliaires de gouverne et de stabilisation.

La stabilisation peut s'obtenir :

Au moyen de dispositions fixes de l'appareil, c'est la stabilité naturelle ou stabilité propre ;

Au moyen de surfaces mobiles, commandées par le pilote, c'est la stabilité commandée.

Les appareils actuels comportent presque tous un dispositif de stabilisation propre longitudinale : la queue stabilisatrice, qui est un plan fixe

2

disposé avec une incidence moindre que celle des ailes. Ce qu'on exprime en disant que l'appareil possède un dièdre ou V longitudinal.

Quant aux organes de stabilité commandée, ils sont indispensables actuellement ; tous les appareils en possèdent ; ils servent en même temps aux manœuvres. Ce sont :

Le gouvernail d'altitude pour la montée, la descente et la stabilité longitudinale;

Le gauchissement ou les ailerons pour les virages penchés et la stabilité latérale ;

Le gouvernail de direction pour les virages et la stabilité de route.

CHAPITRE IV

CLASSIFICATION DES AÉROPLANES

24. — Différentes parties d'un aéroplane.

Nous venons d'étudier l'aéroplane dans son principe et ses organes essentiels. On peut les réaliser en pratique, en donnant aux différentes parties des formes et des dispositions variées, d'où de grandes différences d'aspect.

Néanmoins, dans tous les appareils, on retrouve les parties essentielles suivantes :

1° La *voilure principale*, qui assure la sustentation.

2° *Des voilures auxiliaires*, pour la stabilisation et les gouvernes ;

3° Le *corps de l'appareil*, appelé poutre de liaison ou fuselage, qui sert à relier entre elles les différentes parties ;

4° Un *train de roulement* ou châssis d'atterrissage pour le lancement et le retour au sol ;

5° Un *propulseur* (hélice) destiné à produire la force de traction ;

6° Un *moteur* qui fait tourner le propulseur et lui fournit l'énergie nécessaire ;

7° Des *commandes* placées à la portée du pilote, lui permettant de manœuvrer de son siège les surfaces de gouverne.

25. — Classification des aéroplanes.

On peut classer les aéroplanes suivant la disposition de la voilure principale, la disposition des surfaces auxiliaires, la forme de la poutre de liaison, l'emplacement du moteur et du propulseur, la forme du train d'atterrissage, etc.

La classification la plus courante est celle qui résulte de la disposition de la voilure principale. Suivant qu'elle est disposée en une seule surface ou en deux surfaces superposées, les aéroplanes sont appelés monoplans (fig. 17) ou biplans (fig. 18).

Une autre grande différenciation résulte de la position des surfaces auxiliaires. Placées à l'arrière, ce sont les appareils à « queue »; à l'avant, ce sont les appareils « canards ».

Le corps de l'appareil est une poutre de liaison de grande section si l'hélice tourne à l'arrière des ailes, à l'intérieur de la poutre (fig. 18). Si l'hélice tourne à l'avant de la voilure, en dehors de la poutre, celle-ci a une section beaucoup plus faible et prend alors le nom de fuselage (fig. 17).

Les trains de roulement entrent dans deux catégories, suivant qu'ils ont ou n'ont pas de patins.

Le moteur peut être placé devant ou derrière le pilote et entraîner une ou plusieurs hélices.

Fig. 17. — Le monoplan allemand « Rumpler-Taube ».

Fig. 18. — Biplan « Blériot ».

Les poids importants : pilote, moteur, etc., peuvent être placés assez haut pour que le centre de gravité soit très peu en dessous (10 à 20 centimètres) du centre de poussée de l'air sur la voilure, l'appareil est dit alors à *centres confondus*. Si les poids importants sont placés assez bas par rapport aux ailes pour que le centre de gravité soit beaucoup plus bas que le centre de poussée (0^m50 à 1 mètre), l'appareil est dit à *centres distincts*.

Pratiquement, on s'en tient habituellement à la première classification en spécifiant, s'il y a lieu, s'il s'agit d'un appareil « canard ».

Fig. 19. — Monoplan « Nieuport ».

CHAPITRE V

MATÉRIAUX ET ASSEMBLAGES

26. — Matériaux employés en aviation.

Dans la construction des aéroplanes, on emploie : des *bois*, des *métaux*, des *tissus*. Les pièces qui doivent supporter de grands efforts sont en bois durs et souples ou en tubes d'acier ; celles qui travaillent peu sont en bois blanc ou résineux, quelquefois en tubes d'acier très minces. Les tissus servent à recouvrir les surfaces.

Il est indispensable que tous les bois employés soient de première qualité, bien droit fil et sans nœuds : ce qui entraîne, parfois, des déchets importants. Le bois tortueux, en effet, se déforme sous l'influence des agents atmosphériques et particulièrement de l'humidité : d'où déréglage de l'appareil. Les nœuds créent des points de rupture. Enfin, le bois d'arbres morts doit être absolument rejeté.

De même les pièces métalliques doivent être parfaitement homogènes, sans paille ni défauts.

27. — Bois durs.

Les bois durs sont le chêne, le frêne, le hêtre, le charme, l'orme, le noyer, le châtaignier.

Frêne. — C'est le frêne qui est presque exclusivement employé, parce qu'il est souple et tenace; il se cintre facilement après avoir été trempé dans l'eau chaude ou exposé à la vapeur. Il est blanc avec des veines rougeâtres, difficile à raboter. Sa densité varie de 670 à 840 kilos au mètre cube, suivant qu'il est plus ou moins sec; sa résistance spécifique est de 80 kilos par centimètre carré environ.

Hickory. — On remplace quelquefois le frêne par l'*hickory*, surtout dans la construction des patins d'atterrissage. L'hickory est un bois exotique, qui présente à peu près les mêmes propriétés que le frêne, mais il devient cassant quand il est sec. Il est parfaitement droit fil et sans nœuds. On a moins de déchets qu'avec le frêne.

A défaut de frêne, pour une réparation effectuée dans la campagne, on pourra employer n'importe lequel des bois durs énumérés plus haut et de préférence le hêtre ou le charme.

Noyer. — Le *noyer* est un bois dense (850 kilos au mètre cube) et résistant. Il sert à faire les hélices, mais n'est pas employé dans la construction de l'appareil à cause de son prix élevé.

28. — Bois résineux et bois blanc.

On a quelquefois employé, à la place des bois

durs, des *bois résineux* : le pin ou le sapin, dont la densité est peu élevée, et qu'on peut employer, à poids égal, sous des dimensions plus fortes.

Les bois résineux résistent bien à la flexion.

La variété employée est habituellement le pin rouge de Norvège.

Les *bois blancs* sont le peuplier, le grisard, le bouleau, l'aulne, le platane, le tilleul, etc.

On emploie surtout le *peuplier* et la variété nommée *grisard* : sa densité est de 400 kilos au mètre cube. Il sert pour les parties qui n'ont pas d'effort à supporter.

Le *bambou*, qui est un bois creux naturel, a été abandonné à cause de la résistance à l'avancement offerte par les nœuds et surtout des difficultés d'assemblage.

29. — Métaux.

Les métaux employés sont l'acier, l'aluminium et le bronze.

L'*acier* est le métal aéronautique par excellence. C'est lui qui présente la plus grande résistance pour le plus faible poids.

On l'emploie sous forme de tubes, fils, câbles, tôles, cornières, pièces fondues pour assemblages.

Les aéroplanes étant exposés à des efforts anormaux violents, on emploie des aciers ayant une grande élasticité, c'est-à-dire tenaces et non cassants. On devra donc s'adresser aux aciers doux ou demi-durs, analogues à ceux utilisés dans les travaux publics. Leur résistance à la rupture est environ de 35 kilos par millimètre carré.

La charge de sécurité à admettre, c'est-à-dire l'effort auquel on les fera normalement travailler, sera de 6 à 10 kilos par millimètre carré.

Les diverses opérations métallurgiques : laminage, tréfilage, trempe, augmentent la résistance de l'acier, mais le rendent cassant.

Enfin, les aciers spéciaux : au nickel, chrome, tungstène, vanadium, permettent d'obtenir des charpentes extrêmement résistantes et en même temps légères. Ils sont employés sous forme de tubes. Ils ont l'inconvénient d'être chers et difficiles à travailler.

L'*aluminium*, qu'on avait cru, un moment, appelé à jouer un grand rôle dans les constructions aériennes, a été, à cause de son peu de résistance et de sa rapide détérioration, vite supplanté par l'acier. Il n'est plus employé que dans les pièces d'assemblage, où il travaille peu, et sous forme de tôles pour la confection des capots.

Il entre dans de nombreux alliages qui, présentant une résistance supérieure et une plus grande inaltérabilité, commencent à être très utilement employés.

30. — Tissus.

Ils servent à recouvrir les surfaces. Les tissus habituellement employés sont en lin ou en coton.

Le *lin* est le plus résistant ; il est généralement

préféré. Sa couleur est grise et son grain fin et régulier.

Le *coton* est plus blanc et plus grossier d'aspect.

La *ramie*, très employée autrefois, a dû être abandonnée, parce qu'avec le temps, sa résistance diminuait de plus de moitié.

Les étoffes employées doivent présenter une résistance de 1.000 kilos au moins en chaîne aussi bien qu'en trame.

31. — Enduits.

Pour augmenter le poli des surfaces et éviter que le tissu ne s'imprègne d'humidité, on employait autrefois des toiles *caoutchoutées*. Elles avaient le défaut de se détendre au soleil.

On emploie aujourd'hui un *vernis au collodion* (c'est de la cellulose dissoute dans l'acétone), qu'on passe sur l'étoffe après la pose. Il faut plusieurs couches : deux habituellement, qui sèchent en dix à vingt minutes, et qui absorbent 200 centimètres cubes environ de vernis par mètre carré. On passe souvent une troisième couche d'un dissolvant destiné à donner du brillant à la surface et à faire disparaître les taches blanchâtres produites par les autres couches au moment du séchage. On ponce alors, au préalable, les couches précédentes. Le vernis, en séchant, tend la toile, la rend rigide, luisante et augmente sa résistance au déchirement.

32. — **Membrure**.

Les pièces qui constituent la membrure des surfaces portantes et des poutres de liaison se nomment :

Montants, quand elles sont placées verticalement.

Longerons, quand elles sont placées horizontalement et qu'elles ont une grande longueur (plusieurs mètres).

Traverses, quand elles constituent des longerons très courts (de moins de 1 mètre).

Nervures ou *éléments de courbe*, quand elles servent à maintenir la courbure des surfaces.

Les appareils aériens doivent être à la fois solides et légers : conditions contradictoires qui rendent leur construction particulièrement difficile. — Actuellement, la plupart sont partie en bois et partie métalliques, mais il y en a qui sont entièrement en tubes d'acier. L'inconvénient du bois est de se déformer à l'humidité ; celui du tube d'acier est que les déformations sous l'action d'un choc violent subsistent.

Les pièces qui ne subissent pas directement l'action de l'air, comme les pièces de la charpente des ailes ou d'un fuselage entoilé, ont une section en I, qui permet d'augmenter la solidité tout en diminuant le poids.

Les pièces découvertes, exposées directement au vent de la marche, ont une section fuselée en forme de bon projectile (fig. 5) ; tel est le cas des montants des cellules et des poutres de réunion des biplans. On évite qu'ils ne fléchissent en renforçant la section au milieu où s'exerce le maximum de fatigue. Parfois ils sont en bois creux, pour plus de légèreté. Certains constructeurs emploient aussi des montants en tubes d'acier habillés de bois à section de moindre résistance.

Les organes de grandes dimensions : poutres de réunion, cellules, fuselages, sont des poutres en treillis, constituées par des longerons entretoisés par des montants et des traverses. L'ensemble est maintenu par un croisillonnage en fils d'acier (voir fig. 40, 41 et 42).

33. — Assemblages.

Assemblages des pièces de bois.

Les différentes pièces sont réunies entre elles par des assemblages étudiés spécialement pour ne pas trop affaiblir les pièces qui sont, en général, calculées assez juste.

Les assemblages employés en aviation sont extrêmement nombreux.

Nous nous bornerons à décrire les plus fréquemment employés.

Étriers Blériot (fig. 20). — Des U en gros fil d'acier, filetés à leur extrémité, sont serrés sur le longeron par des écrous, tandis que leur partie supérieure passe dans un orifice ménagé dans le montant. Les tirants sont fixés directement aux angles de l'étrier. La tension du fil s'obtient en serrant les écrous de l'étrier.

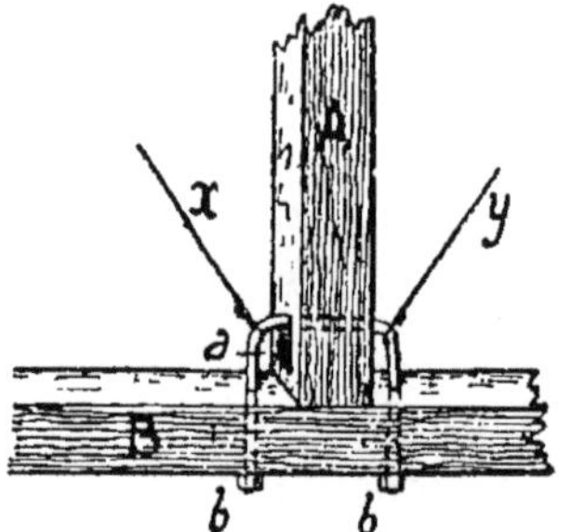

Fig. 20. — Assemblage
Blériot.

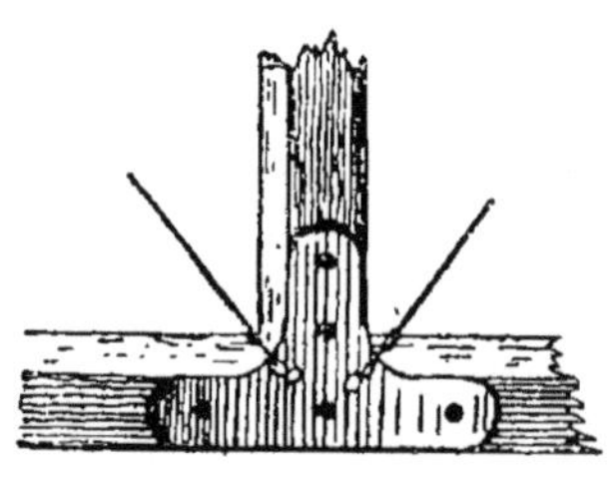

Fig. 21. — Assemblage
par équerre.

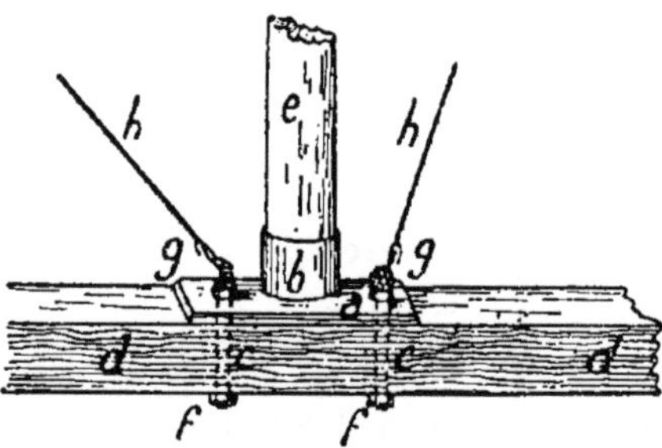

Fig. 22. — Assemblage par raccords.

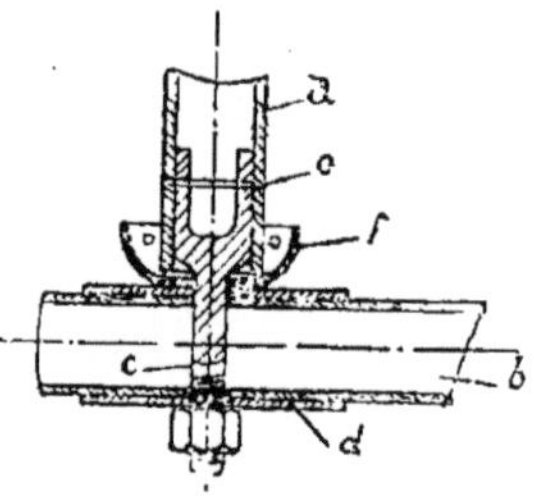

Fig. 23. — Assemblage
de tubes (Voisin).

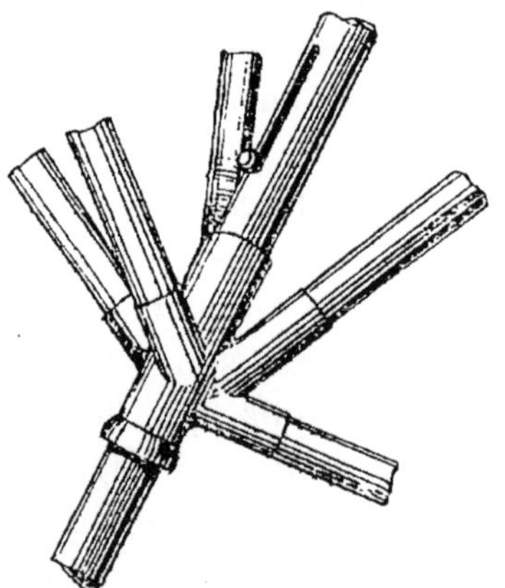

Fig. 24. — Assemblage R. E. P.
en tubes d'acier brasés.

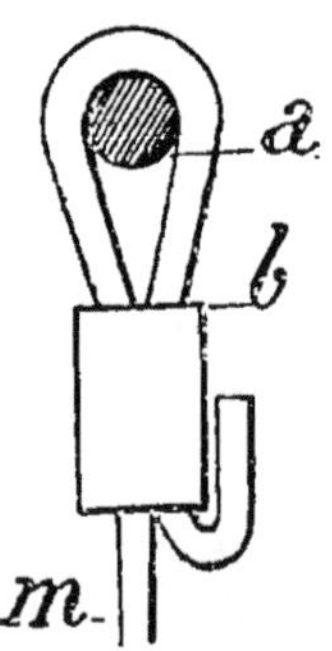

Fig. 25. — Tirant
en fil d'acier.

Ferrures d'acier (fig. 21). — La figure permet de comprendre immédiatement en quoi consiste cet assemblage : la plaque est vissée à la fois sur le longeron et sur le montant, tandis que deux trous ménagés dans la plaque permettent de fixer les tirants.

Raccords d'aluminium (fig. 22). — La partie en forme de plateau est fixée aux longerons par des boulons à œil, tandis que la partie annulaire reçoit le pied du montant, introduit à force. Dans l'œil des boulons, on fixe les fils d'acier des tirants.

Assemblages des tubes d'acier (fig. 23 et 24).

Lorsque la construction est en tubes d'acier, les assemblages se font soit par *soudure autogène*, (alors les pièces sont directement soudées l'une à l'autre), soit dans des *raccords en acier*, dans lesquels les tubes viennent s'assembler. Ils y sont soudés à l'étain ou brasés comme les tubes de bicyclettes.

Assemblage Denhaut. — Denhaut, l'inventeur de l'hydravion à coque fuselage, a imaginé un assemblage spécial de ses montants avec ses longerons d'ailes.

Sur ses longerons sont montées des pièces d'attache comportant une articulation rotulaire ; la *tige de départ* de cette articulation est filetée et vient se visser à l'intérieur d'un tube d'acier formant âme du montant.

Comme les pas de vis supérieur et inférieur sont de sens contraire, il s'ensuit que les montants sont réglables en longueur par simple rotation sur eux-mêmes du fait de ce dispositif original d'assemblage.

34. — Tirants ou haubans.

Tirants en fil d'acier. — Le procédé habituel pour fixer les tirants en fil d'acier aux ferrures d'assemblages et aux tendeurs consiste (fig. 25) à recourber le fil et à le passer dans un petit tube elliptique en cuivre appelé *coulant*, l'extrémité libre du fil étant enfin repliée de l'autre côté du coulant.

Au lieu de coulants de cuivre, on emploie parfois de petites spirales en corde à piano, qui sont plus solides et ne risquent pas d'éclater.

Tirants en câbles d'acier. — On tend actuellement à abandonner, du moins pour les liaisons importantes, les tirants en corde à piano (fil d'acier) et à les remplacer par des câbles d'acier qui présentent le gros avantage d'être plus résistants et surtout de ne pas casser brusquement, puisque composé d'éléments multiples se doublant les uns les autres.

La fixation ou l'attache des bouts de câble a été un problème délicat. On a commencé par employer un système de cosses à gorges sur lesquelles le câble était enroulé pour venir ensuite s'épisser sur lui-même.

On a employé, à la place de l'épissure, des dispositifs de serre-câbles à écrous constitués par un *coulant* en aluminium dans lequel passent les deux *brins* et présentant un logement pour un ou plusieurs boulons entre les brins. Le serrage de ces boulons déformant le coulant bloquait les câbles dans leur position (fig. 88 et 89).

Actuellement on donne généralement la préférence à un dispositif plus simple et plus sûr en

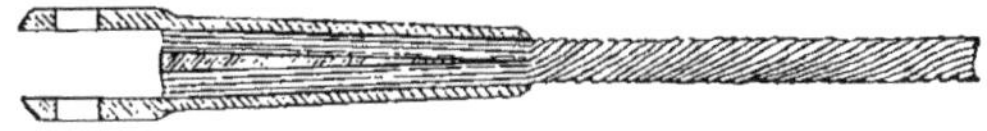

Fig. 26. — Mode d'attache de haubans en câble d'acier.

même temps (fig. 26) : l'extrémité du câble est effilée et passée dans un trou conique de la pièce d'attache. On enfonce ensuite un coin métallique entre les fils de manière à les rendre divergents, et on verse sur l'ensemble de la soudure d'étain qui, à la *prise*, transforme l'extrémité du câble en un bloc conique qui ne peut échapper qu'en faisant éclater la pièce d'attache.

35. — Tendeurs.

Pour régler la tension de ces fils d'acier, on intercale sur eux (en général au voisinage d'un des points d'attache) un tendeur (fig. 27). Un tendeur est essentiellement constitué par une douille en laiton ou en acier, appelée manchon, formant écrou, dans laquelle viennent se visser deux boulons à œil de pas inverses. Le manchon porte en son milieu un trou ou un six pans, qui permet de le faire tourner sur lui-même. Dans ce mouvement, les vis des deux boulons étant inverses, tous les deux se vissent ou se dévissent en même temps, suivant le sens de la rotation. Quand le réglage est obtenu, on passe un fil de fer dans le trou du manchon et dans l'œil d'un des boulons, ce qui assure l'indesserrabilité.

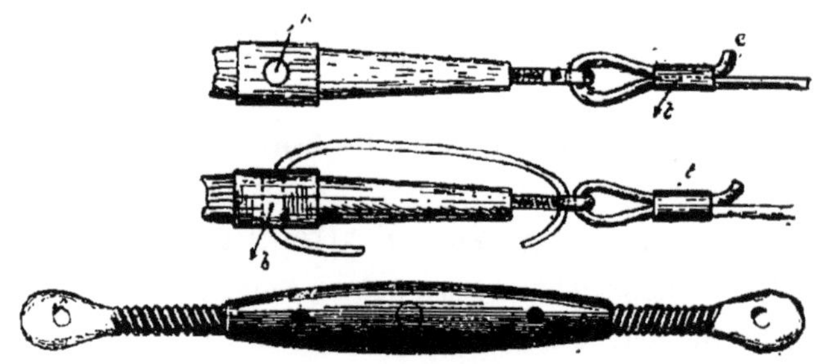

Fig. 27

Dans le *tendeur Blériot* (fig. 28), l'indesserrabilité est obtenue d'une façon un peu différente : le

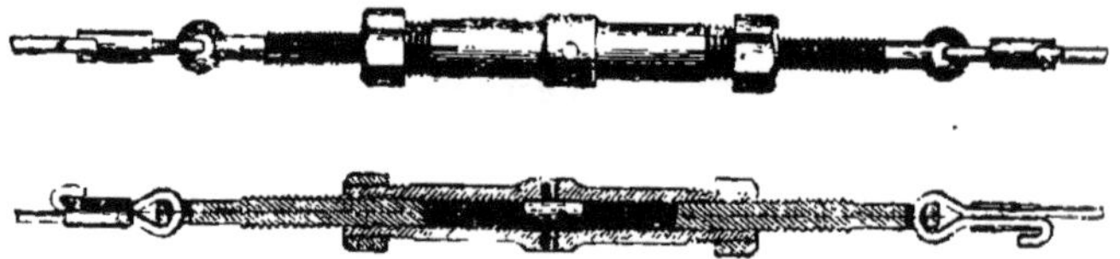

Fig. 28

manchon en acier est fendu à son extrémité et fileté extérieurement. Quand le réglage est fait, on bloque les écrous C qui assurent l'indesserrabilité.

CHAPITRE VI

SURFACES PORTANTES

36. — Dispositions générales adoptées dans les surfaces portantes.

Les ailes affectent généralement, en plan, la forme d'un rectangle ou d'un trapèze, dont la grande dimension est disposée suivant l'envergure (fig. 29 et 30). Néanmoins cette règle est loin d'être absolue, et justement cette forme de la projection plane des surfaces alaires est caractéristique des avions (1).

On appelle *envergure* la dimension perpendiculaire au sens de la marche. L'autre dimension s'appelle la *profondeur* de l'aile.

Le rapport de l'envergure à la profondeur s'appelle *l'allongement*. Il est habituellement de 4 à 5 dans les monoplans, et de 5 à 6 dans les biplans.

Les ailes sont souvent arrondies aux extrémités de l'envergure, pour faciliter la pénétration.

Les ailes sont concaves et ont une certaine épaisseur pour loger la membrure intérieure.

(1) Voir DESMONS : *Comment reconnaître les avions militaires.* Libr. Aéronautique, 1915

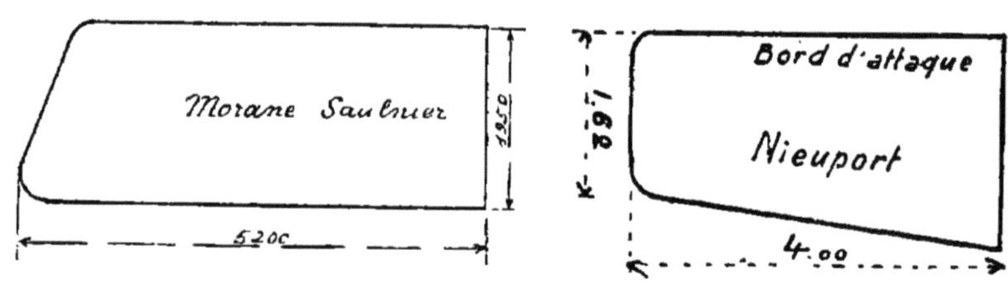

Fig. 29. — Ailes trapézoïdales.

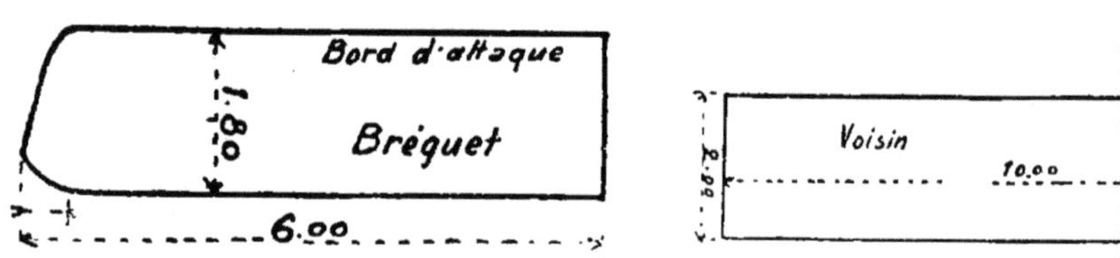

Fig. 30. — Ailes rectangulaires.

Fig. 31. — Profil d'une aile d'aéroplane.

Leur section s'appelle *profil* (fig. 31).

La ligne A C B est la *courbure ventrale* ou *inférieure* du profil ; on l'appelle aussi *intrados*.

La ligne A D B est la *courbure dorsale* ou *supérieure* du profil ; on l'appelle aussi *extrados*.

La droite A B est la *corde* du profil.

Une perpendiculaire *h* à A B, à l'endroit où le profil est le plus concave, s'appelle la *flèche*.

Les profils actuels ont des flèches variant entre un vingtième et un trentième de la longueur de la corde. On les désigne sous le nom de profil au $1/20^e$, profil au $1/30^e$.

Pour faciliter la pénétration de l'aile, on a donné à la section la forme de bon projectile (fig. 31), épaisse à l'avant, terminée en pointe à l'arrière.

A est le bord d'attaque, il est arrondi ou en forme d'obus ; B est le bord de sortie, il est arrondi et le plus mince possible.

37. — Membrure intérieure d'une aile de monoplan ou membrure à quatre longerons.

Elle comprend (fig. 32) :

Deux longerons principaux : A, longeron principal avant, et B, longeron principal arrière, qui sont les pièces maîtresses supportant la charge.

Deux longerons secondaires : C, qui constitue le bord d'attaque, et D, le bord de sortie. Ces longerons ne servent qu'à fixer la toile.

Sur ces quatre longerons sont fixées les nervures. Elles ont un profil en I et sont constituées essentiellement par deux lattes *l l'* clouées sur les longerons, entre lesquelles est une planchette verticale *p*, allégée de trous, qui assure la rigidité de l'ensemble et l'invariabilité du profil. Cette planchette est collée et clouée dans une rainure des lattes. Des tirants diagonaux *t t'* en fils d'acier sont tendus entre les longerons principaux.

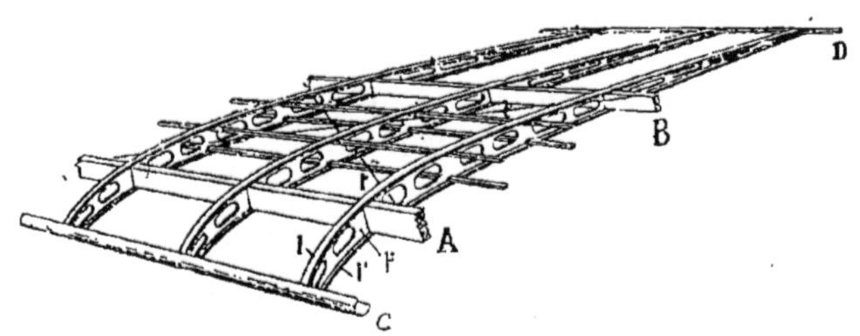

Fig. 32. — Membrure d'une aile de monoplan
ou membrure à quatre longerons.

Les longerons principaux sont habituellement en frêne ; ils affectent alors généralement une section en I (fig. 32). Il peuvent être également constitués par un tube d'acier.

Les longerons secondaires sont en sapin ou en peuplier. N'intervenant pour ainsi dire pas dans la solidité de la construction, ils sont faits le plus légèrement possible. On donne au longeron avant C un profil arrondi, évidé intérieurement pour l'alléger. Il est quelquefois constitué par une simple gouttière en aluminium clouée sur les nervures.

Le bord arrière est une latte à profil triangulaire.

Si l'aile est arrondie au bout de l'envergure, les deux longerons C et D sont réunis par un cintre en bois, sur lequel vient se fixer la toile.

DÉTAILS DE CONSTRUCTION D'UNE « AILE VOISIN »

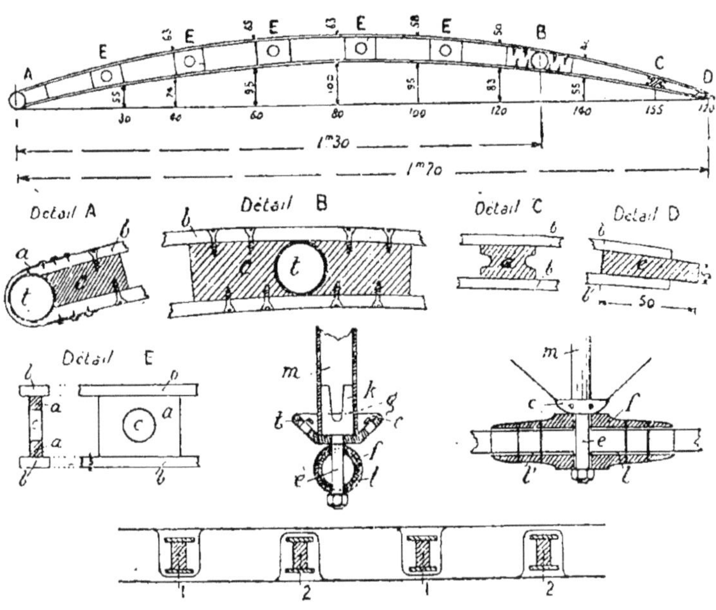

DÉTAIL A. — t tube d'acier cylindrique de 35×32 mm. au milieu
de la cellule et 35×33 aux extrémités ; — a, feuille de tôle clouée
sur les nervures et retenant le longeron t ; — b, latte de frêne
de 15×5 ; — c, taquet de 15 mm. d'épaisseur vissé avec la latte b.

DÉTAIL B. — t, tube d'acier de 302×7 au milieu de la cellule et
30×28 aux extrémités ; — b, lattes de 15×5 mm. ; — c, taquet
de 15 mm d'épaisseur.

DÉTAIL C. — a, longeron secondaire ; — b, lattes de 15×5.

DÉTAIL E. — a, taquet de 8 mm. d'épaisseur ; — b, lattes de 15×5 ;
c, trou d'allègement.

ASSEMBLAGE DES MONTANTS AUX LONGERONS. — $l\,l'$ tube longeron ;
f, fourrure goupillée sur l ; — m, montant tubulaire ; — k, boulon
d'assemblage soudé et goupillé sur m ; — c, cuvette percée de
trous t pour la fixation des tirants d'acier.

En bas : SCHÉMA DE L'ENTOILAGE « VOISIN ».

38. — **Membrure intérieure d'une aile de biplan ou membrure à deux longerons.**

Ce type plus simple, et qui permet de conserver l'arrière de l'aile souple, consiste à n'employer que deux longerons.

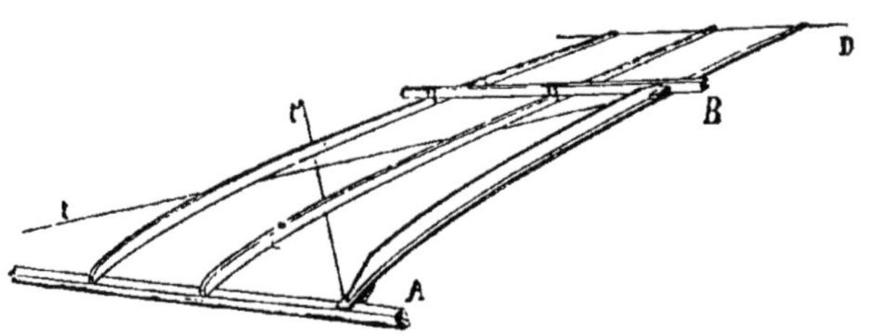

Fig. 33. — Membrure d'une aile de biplan.

Le longeron principal avant sert de bord d'attaque. Le longeron principal arrière est placé environ au deuxième tiers de l'aile. Le bord de sortie est un simple fil de fer cloué sur l'extrémité des nervures (fig. 33).

Les nervures sont constituées par une seule latte en frêne, placée sur la face inférieure de l'aile, et une planchette verticale destinée à assurer la cour-bure. La latte est clouée sur les deux longerons.

Des tirants diagonaux $t\,t'$ assurent la rigidité de l'ensemble.

Remarque. — Parfois, cette disposition de longerons est employée avec des nervures en I, analogues à celles des monoplans.

Ce mode de construction est de plus en plus abandonné ; actuellement la majorité des ailes sont

à quatre longerons dont deux (A B, fig. 32) en tubes
d'acier.

39. — Membrure Wright.

Le mode de construction employé par les frères
Wright (fig. 34) est identique au précédent, sauf
en ce qui concerne les nervures, qui sont constituées, ici, par deux lattes, entre lesquelles sont

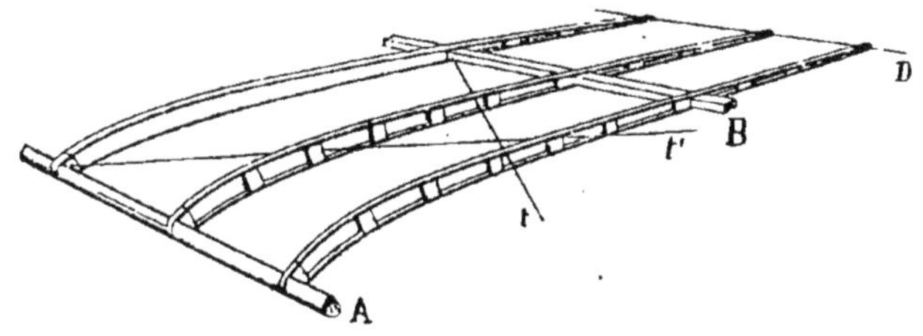

Fig. 34. — Membrure d'une aile « Wright ».

cloués des taquets de bois qui maintiennent la
courbure et renforcent l'ensemble. A l'arrière, les
deux lattes peuvent glisser l'une sur l'autre et permettre un relèvement de l'arrière de l'aile.

40. — Entoilage des ailes.

On dispose parfois l'étoffe en bandes perpendiculaires au bord d'attaque de l'aile. Il vaut mieux la
placer en biais ; elle épouse mieux la forme de la
surface courbe, surtout pour les ailes soumises au
gauchissement, et il n'y a pas de perte d'étoffe.

L'étoffe peut être lacée sur le bord arrière de
l'aile, alors elle est démontable, ou fixée à la char-

pente par des clous en cuivre. Les clous en fer se rouillent et rongent l'étoffe. On les emploie quelquefois en ayant soin d'interposer une petite rondelle d'aluminium entre leur tête et la toile.

L'entoilage du dessus de l'aile, soumis à une aspiration, doit être fixé d'une façon particulièrement soignée. Parfois une baguette de bois demi-cylindrique est clouée sur les nervures par-dessus la toile pour prévenir tout arrachement.

41. — Fixation des ailes de monoplan.

Les ailes ainsi construites n'ont pas une solidité suffisante pour soutenir en porte-à-faux le poids de l'appareil. On les soutient, vers leurs extrémités, par des câbles fixés, d'autre part, au corps de l'appareil. Ces câbles s'appellent *haubans*.

Il y a deux espèces de haubans : les *haubans inférieurs*, qui supportent le poids de l'appareil en vol normal, et les *haubans supérieurs*, destinés à maintenir les premiers toujours tendus, à supporter les ailes au repos, ou, en l'air, dans les remous descendants qui peuvent attaquer l'aile par sa face supérieure.

Les haubans inférieurs doivent être les plus résistants. On les fait en corde à piano, en câble d'acier tressé ou en ruban d'acier plat ou lame de ressort ayant ordinairement 15 millimètres de large pour 3 d'épaisseur.

Les haubans supérieurs, travaillant beaucoup moins, sont en fil d'acier, ou en câble tressé plus petit que pour les haubans inférieurs.

Les haubans supérieurs et inférieurs s'attachent
aux mêmes points sur les longerons principaux des

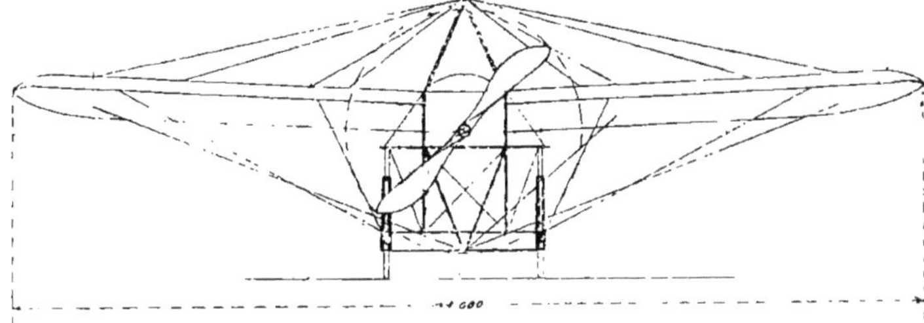

Fig. 35. — Haubannage des ailes d'un monoplan.

ailes. Il y a toujours au moins deux haubans inférieurs et deux haubans supérieurs pour chaque longeron, ce qui fait, au minimum, quatre haubans
par aile, mais on en met parfois six, huit et davan-
tage (fig. 35).

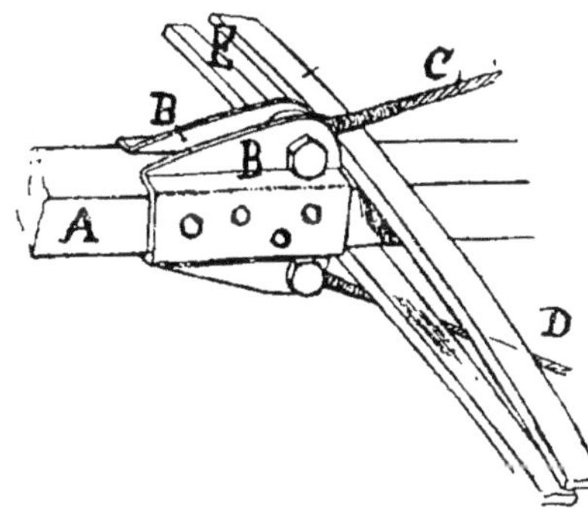

Fig. 36. — Ferrure d'attache de hauban
sur un longeron d'aile en bois.

Les haubans sont fixés par l'intermédiaire de
ferrures boulonnées sur le longeron (fig. 36) ou de
colliers en métal si le longeron est un tube.

Du côté du corps de l'appareil, les haubans sont fixés à des bâtis en tubes d'acier ou *pylónes*. Les haubans inférieurs sont parfois fixés au châssis d'atterrissage.

Les ailes sont fixées au corps de l'appareil par leurs longerons principaux qui dépassent et qui sont engagés dans des tubes ou des ferrures.

42. — Fixation des ailes de biplan.

Les deux ailes superposées sont entretoisées par des montants, maintenus par un croisillonnement en fils d'acier ; leur ensemble forme ainsi une poutre en treillis d'une grande légèreté et d'une grande solidité qu'on appelle *cellule principale*.

La poutre de réunion qui rattache l'empennage à la cellule principale est fixée à celle-ci aux points d'insertion de deux montants. Le corps fuselé, destiné à recevoir le moteur et les personnes, est boulonné aux montants du milieu ou aux longerons de l'aile inférieure.

Pour faciliter le démontage de l'appareil, on tend à rendre la fixation des ailes de biplan semblable à celle des ailes de monoplan : un élément central de chaque surface fixé au corps portant des attaches semblables à celles que présente le fuselage d'un monoplan.

43. — Surfaces auxiliaires.

Ce sont les surfaces, autres que la voilure prin-

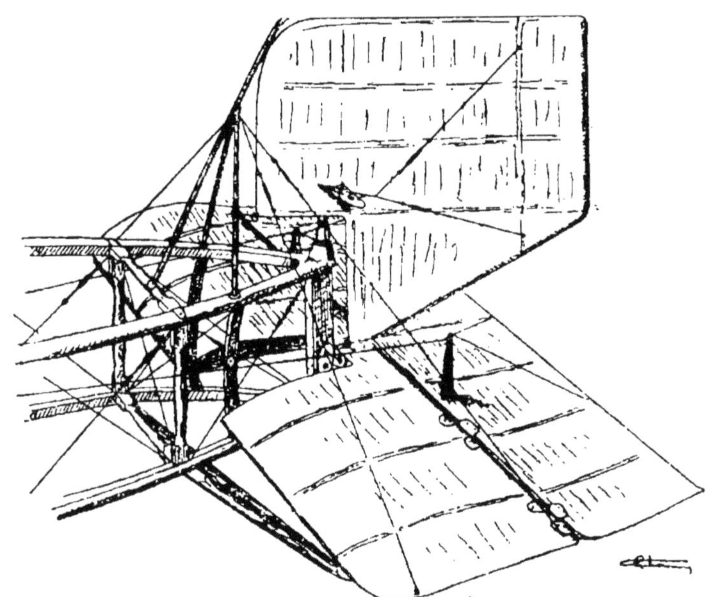

Fig. 37. — Empennage de l'appareil Vendôme. A l'arrière du plan horizontal est le gouvernail de profondeur à volet. Le gouvernail de direction est compensé.

Fig. 38. — Gouvernails compensés (Morane-Saulnier).

cipale, qui servent à la stabilisation et aux manœuvres

Parmi elles, les unes sont fixes : ce sont les empennages, queues stabilisatrices et dérives verticales ; les autres sont mobiles : ce sont les gouvernails d'altitude et de direction et les ailerons.

Ces surfaces affectent les formes les plus variées : triangulaires, demi-circulaires, rectangulaires et, le plus souvent très irrégulières géométriquement parlant.

Leur profil est plat ou arqué, comme celui des ailes quand elles doivent être portantes. Leur membrure intérieure est analogue à celle d'une aile du premier type décrit.

Les surfaces mobiles sont placées dans le prolongement des surfaces fixes ou isolées.

Dans le premier cas (fig. 37), elles affectent la forme d'un volet maintenu à l'arrière de la surface fixe par des charnières. Dans le second cas (fig. 38), elles sont compensées, c'est-à-dire que leur axe est placé en arrière du bord d'attaque, en sorte que l'action de l'air sur la partie en avant de l'axe équilibre presque l'action de l'air sur la partie en arrière. Ces gouvernails compensés offrent ainsi très peu de résistance à la manœuvre.

CHAPITRE VII

CORPS DE L'APPAREIL ET COMMANDES

44. — Poutre de réunion.

Le corps de l'appareil, auquel viennent se fixer les différents organes, est constitué par une poutre composée, formée de longerons, de montants et de traverses, réunis par des assemblages, avec un croisillonnement en fils d'acier qui assure la rigidité et l'indéformabilité de l'ensemble.

Ces poutres, suivant leurs dimensions, s'appellent fuselage ou poutres de liaison.

45. — Fuselages.

Leur section maximum atteint 0 m. 60 à 1 mètre de côté. Elle est plus forte à l'avant qu'à l'arrière, en sorte que leur profil affecte plus ou moins la forme d'un fuseau, d'où leur nom de *corps fuselé* ou *fuselage*.

La section est le plus souvent triangulaire (fig. 39), ou rectangulaire (fig. 40).

On diminue considérablement la résistance à la

pénétration en entoilant plus ou moins complètement le fuselage.

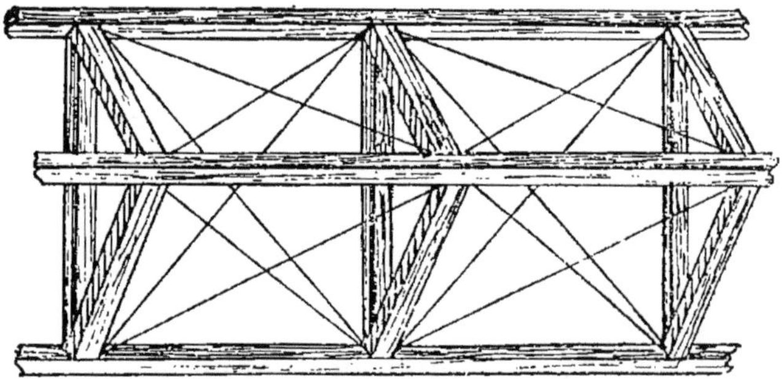

FIG. 39. — Fuselage triangulaire.

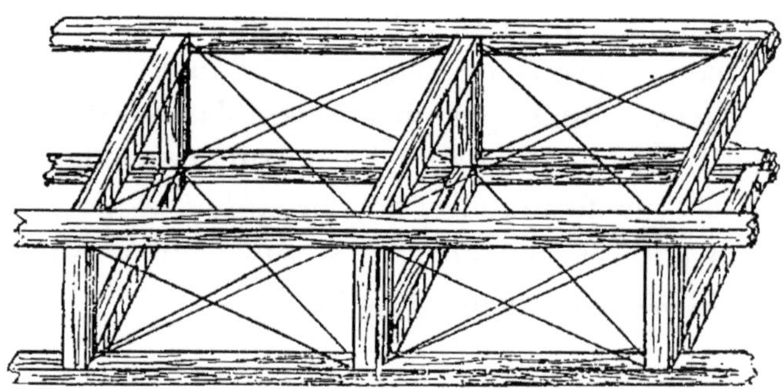

FIG. 40. — Fuselage quadrangulaire.

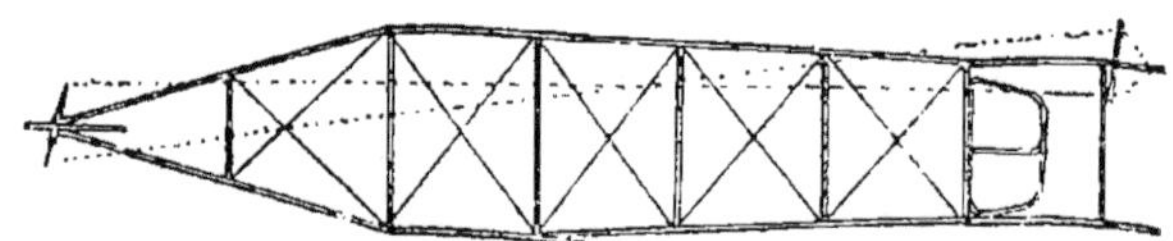

FIG. 41. — Poutre de réunion dans un biplan.

Grâce à sa forme fuselée, il se comporte dans l'air comme un bon projectile.

Les fuselages se font en bois ou en tubes d'acier.

Le bois employé est le frêne pour les longerons et les montants d'avant. Les montants d'arrière sont ordinairement en sapin ou en bois blanc.

46. — Poutre de liaison.

Il est un cas où jusqu'à présent on a cru ne pas devoir employer de fuselage : c'est quand l'hélice doit tourner à l'arrière de la cellule principale (biplans « Voisin » et « Farman »).

Celle-ci est alors réunie aux surfaces d'empennage par deux cadres verticaux, entre lesquels tourne l'hélice. Ces cadres, de 1 m. 50 à 2 mètres de hauteur, sont constitués, chacun, par deux longerons entretoisés de montants avec croisillonnement en fil d'acier (fig. 41).

Ils constituent ce qu'on appelle la *poutre de liaison* ou *bâti*.

47. — Organes de commandes.

Il y a habituellement sur un aéroplane, trois espèces de commandes :

Une pour l'altitude et la stabilité longitudinale;

Une pour la stabilité latérale;

Une pour la direction horizontale.

Chacune comporte un levier ou un volant et des transmissions.

Les commandes sont disposées de façon à être naturelles et instinctives. Voici ce qu'on entend par

là. Supposons que l'appareil plonge. Instinctive-
ment le pilote maintient son buste dans la position verticale ; dans ce mouvement il tire naturel-
lement à lui le levier de profondeur qu'il tient

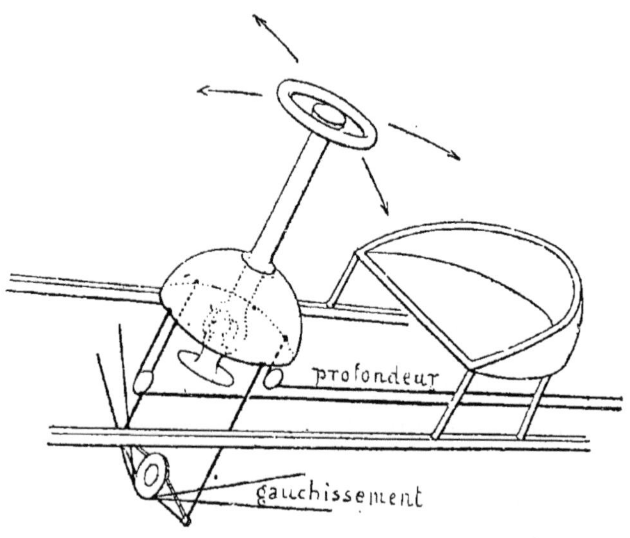

Fig. 42. — Cloche de commandes « Blériot ».

Deux commandes sont réunies sur le même levier ou cloche, que
commande. d'avant en arrière, la profondeur, de droite à gauche.
le gauchissement. La direction est commandée à part par un
levier horizontal, manœuvre aux pieds et placé en avant de la
cloche. La cloche est articulée à la cardan à la base. Le petit
volant de la partie supérieure est fixe sur le levier.
Dans les appareils allemands le dispositif de commande générale-
lement adopté comporte un levier à volant ; l'oscillation antéro-
postérieure du levier commande le gouvernail de profondeur,
tandis que la rotation du volant agit directement sur des ailerons ou le gauchissement de stabilisation latérale.

dans la main. Il faut que ce mouvement du levier
soit celui qui rétablit l'équilibre, c'est-à-dire qui
met l'équilibreur à la montée. De même pour le

gauchissement : l'appareil penche-t-il à droite, le pilote, gardant le buste vertical, se rapproche de la gauche de l'appareil, entraînant la commande de gauchissement qui doit, dans ce mouvement, gauchir l'aile droite, ce qui rétablira l'équilibre.

Généralement on réunit deux commandes — celles de l'équilibreur et du gauchissement — sur un seul levier, monté à cardan et pouvant osciller d'avant en arrière et de gauche à droite. La cloche Blériot en est une modalité. Le mouvement d'avant en arrière commande la profondeur, le mouvement transversal, le gauchissement (fig. 42).

Cette réunion de deux commandes sur un même levier laisse au pilote une main libre pour le réglage du moteur.

Le gouvernail de direction est alors manœuvré au pied, au moyen d'un palonnier. C'est une barre horizontale mobile autour d'un axe vertical passant en son milieu.

Quelquefois les trois commandes sont réunies sur le même levier (fig. 43). Il possède alors, en plus du précédent, un volant à sa partie supérieure, dont la rotation commande le gouvernail de direction.

48. — Transmissions.

Les transmissions sont souples ou rigides.

Les *transmissions souples* travaillent toujours en traction, elles sont en corde à piano ou en câble d'acier. Elles sont généralement doublées.

Pour éviter qu'elles ne fouettent, on les guide dans des tubes en laiton, ou au moyen de cavaliers analogues à ceux employés dans la pose des fils électriques.

Les changements de direction des câbles se font,

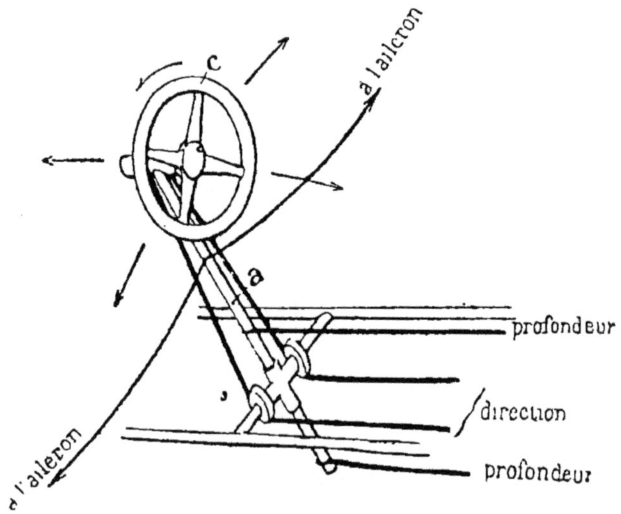

Fig. 43. — Anciennes commandes Bréguet.

Les trois commandes sont reunies sur le même levier qui commande d'avant en arrière la profondeur ; de droite à gauche le gauchissement et, par rotation du volant, le gouvernail de direction.

soit sur des poulies à gorge profonde, soit dans des tubes coudés, soit par des « renvois de sonnette ».

Les *transmissions rigides* utilisées surtout pour celles travaillant parfois en compression se font par barres de bois ou tubes d'acier.

CHAPITRE VIII

CHASSIS PORTEUR

49. — Trains de roulement.

Comme c'est le déplacement horizontal de
l'aéroplane qui produit la sustentation, il faut, pour
l'envol, qu'il puisse acquérir sur le sol une vitesse
suffisante. Pour cela, l'appareil repose sur un
châssis muni de roues. Sous l'action de la force de
traction de l'hélice, il peut donc rouler jusqu'à ce
qu'il ait atteint la vitesse suffisante pour assurer la
sustentation.

De même, pour le retour au sol, des organes
spéciaux sont nécessaires pour amortir les chocs,
arrêter l'appareil et éviter les capotages. Cet office
est rempli, suivant les cas :

Par les roues du lancement ;

Par des patins.

Les roues employées sont des roues légères et
rigides, munies de pneumatiques. Elles sont fixées
sous l'appareil par l'intermédiaire de ressorts en
caoutchouc ou quelquefois en acier, parfois aussi
d'amortisseurs d'autres types (frein oléo-pneuma-
tique par exemple).

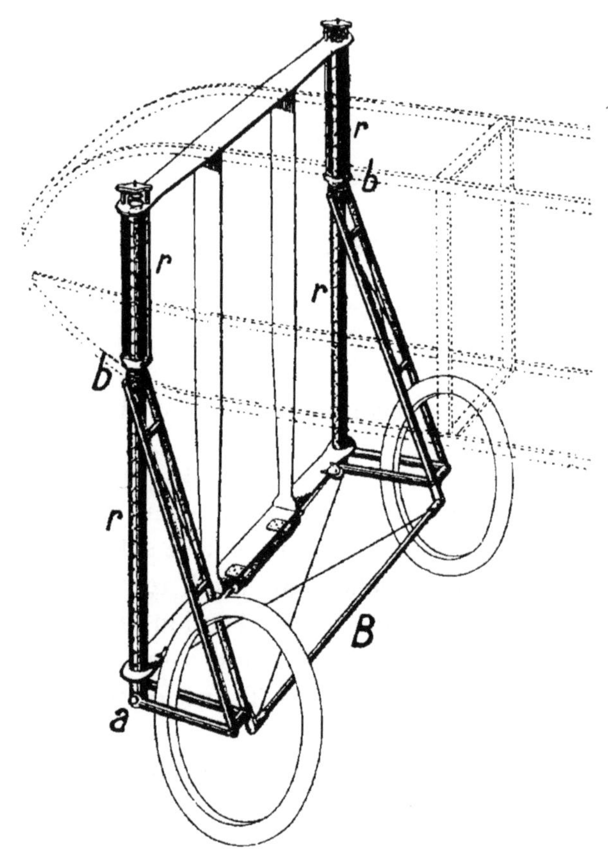

Fig. 44. — Châssis d'atterrissage « Blériot » à triangles déformables, roues orientables accouplées (*pour plus de
clarté, on n'a pas figuré le sanglage par lames métalliques:
l'avant du corps fuselé de l'aéroplane est figuré en pointillé
pour montrer les rapports des parties*).

r, r, r, r, ressorts; — *b, b*, articulations supérieures à coulisse; —
a, vue des deux articulations inferieures; — B, entretoise d'accouplement des deux roues garnies de pneus.

Les patins sont recourbés à l'avant pour éviter les capotages. Leur freinage est énergique et l'arrêt beaucoup plus rapide qu'au moyen des roues.

Châssis Blériot. — C'est le type des châssis sans patins (fig. 44). Il se compose d'un cadre rigide formé de deux traverses horizontales en bois et de quatre montants : deux en bois et deux en tubes d'acier, assemblés avec les traverses et sanglés par des lames d'acier. A ce cadre est fixé le fuselage entre les deux montants de bois du milieu. Le cadre repose, d'autre part, sur le sol par deux roues accouplées parallèlement par une entretoise. Ces roues sont montées au sommet de deux triangles déformables en tubes, dont un côté est constitué par les montants extérieurs du cadre. Sous l'action d'un choc, la roue remonte, repoussant la fourche oblique qui comprime des ressorts placés sur le tube vertical. Ce triangle peut, en outre, tourner autour de son côté vertical, ce qui rend les roues orientables.

Châssis Farman. — Il se compose de deux patins fixés au corps de l'appareil par de solides jambes de force (fig. 45). Sur chaque patin est une paire de roues montées sur un petit essieu, réuni au patin par des amortisseurs en caoutchouc.

Châssis Nieuport. — Il possède un seul patin central, portant l'essieu fait de lames de ressort empilées. L'essieu sert lui-même d'amortisseur, et le patin est là pour éviter les capotages et protéger l'hélice (fig. 46).

Fig. 45 — Train d'atterrissage « Farman ».

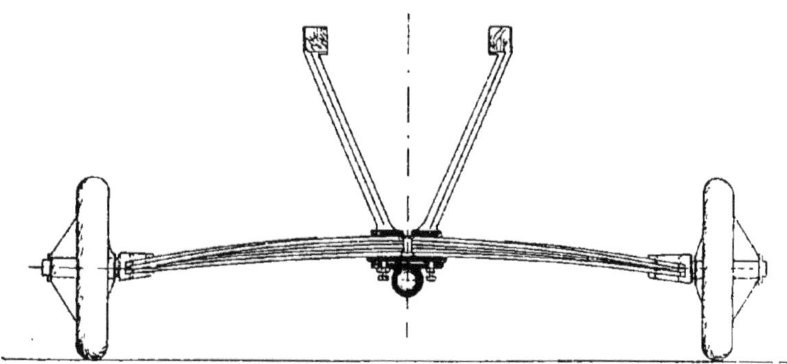

Fig. 46. — Train « Nieuport ». L'essieu est constitué par un ressort à lames fixé au patin central, à l'intersection des jambes de force.

Châssis Morane-Saulnier. — Ce châssis est le type des châssis presque généralement adopté actuellement par les constructeurs d'appareils légers et rapides.

Ce châssis est en tubes ogives symétriques de 85 × 25 renforcés suivant le petit axe par un feuil-

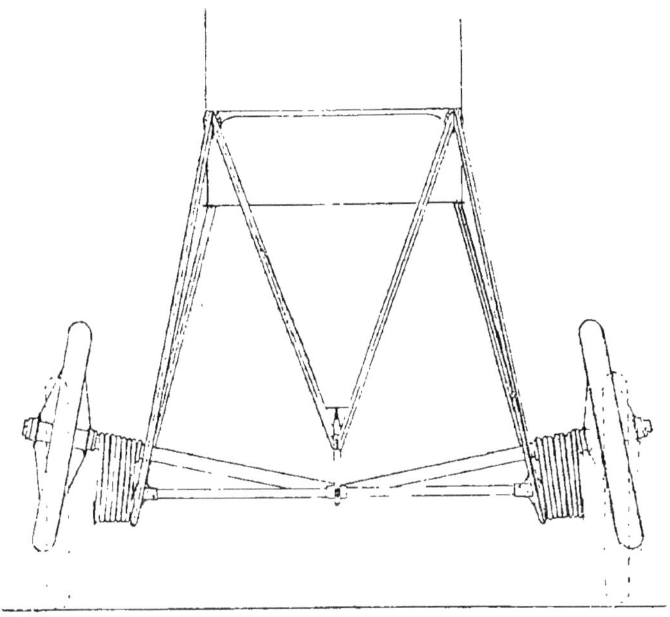

Fig. 47 — Le train d'atterrissage « Morane-Saulnier » vu de face. (Les attaches élastiques sont à l'extension.)

lard de 2. A l'avant du châssis se trouvent, dans le même plan, les tubes formant un M entretoisé à la base par deux tubes parallèles de 23 × 25 entre lesquels se trouvent deux demi-essieux articulés au point central. Ces demi-essieux sont en tubes d'acier de 28 × 35 et passent dans une glissière pour porter à l'extérieur de l'M chacun une roue reliée au châssis par un enroulement de caoutchouc.

Les deux points extérieurs de l'M sont contrefichés sur le fuselage par deux autres tubes formant V latéralement avec le plan de l'M.

CHAPITRE IX

APPAREILS MARINS

50. — Hydroaéroplanes.

Nous avons vu que les roues du train d'atterrissage avaient pour but de permettre à l'aéroplane d'acquérir sur le sol une vitesse suffisante pour se soutenir. Le même résultat peut être obtenu par un déplacement rapide à la surface de l'eau, l'appareil étant soutenu par des flotteurs.

On appelle *hydroaéroplane* un aéroplane qui peut s'élever de l'eau.

On peut partager ces appareils en deux catégories principales :

Les appareils à *flotteurs indépendants*, qui sont des aéroplanes ordinaires, dans lesquels le châssis d'atterrissage a été remplacé par des flotteurs (fig. 48).

Les appareils à *fuselage-coque*, qui sont l'accouplement d'un aéroplane et d'un canot rapide (fig. 49). C'est un Français, Denhaut, qui, le premier proposa et réalisa cette solution.

Dans les appareils à flotteurs indépendants, ceux-

FIG. 48. — Hydroaéroplane « Farman », monté sur deux flotteurs longs parallèles.

FIG. 49. — Hydroaéroplane « Curtiss » à fuselage-coque, en plein vol.

ci affectent sous l'appareil trois dispositions principales :

Trois *flotteurs écartés* ;

Deux *flotteurs allongés*, assez rapprochés, placés parallèlement sous le corps de l'appareil (1) ;

Un seul *flotteur central*.

Tous les flotteurs affectent des formes variées. Divers types, les plus remarquables, sont représentés dans les planches de la figure 51.

La forme allongée est la plus fréquente.

Les canots ailés sont constitués par un long flotteur servant à la fois de système flottant et de fuselage, auquel tous les organes : voilures, moteur, empennage, sont fixés.

Flotteurs auxiliaires. — Ce sont de petits flot-

Fig. 50. — Types de flotteurs auxiliaires.

teurs placés sous la queue ou aux extrémités de l'envergure pour empêcher l'empennage ou les ailes de tremper dans l'eau, dans un coup de roulis ou de tangage (fig. 50).

Ils affectent généralement la forme de bons projectiles.

(1) Cette disposition est dite aussi en *catamaran*, nom tiré d'un radeau de pêche des Indes Occidentales, fait de troncs de cocotiers taillés en pointe et liés ensemble.

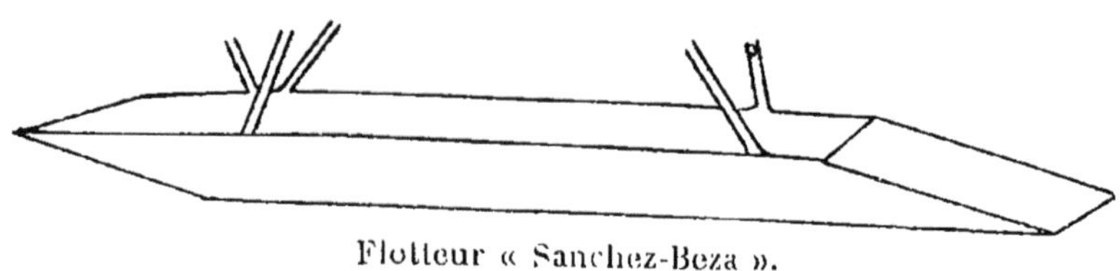

Flotteur « Sanchez-Beza ».

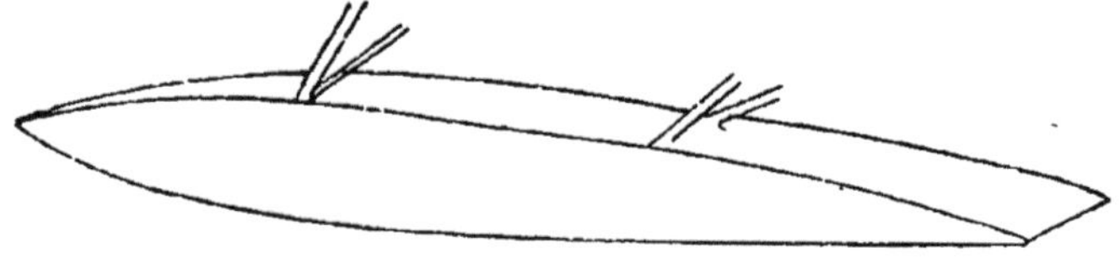

Flotteur « H. Farman ».

Flotteur « M. Farman ».

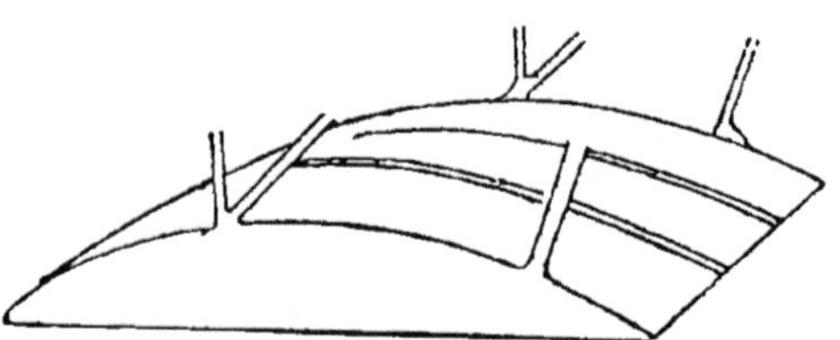

Flotteur « Fabre ».
FIG. 51. — DIFFÉRENTS TYPES DE FLOTTEURS.

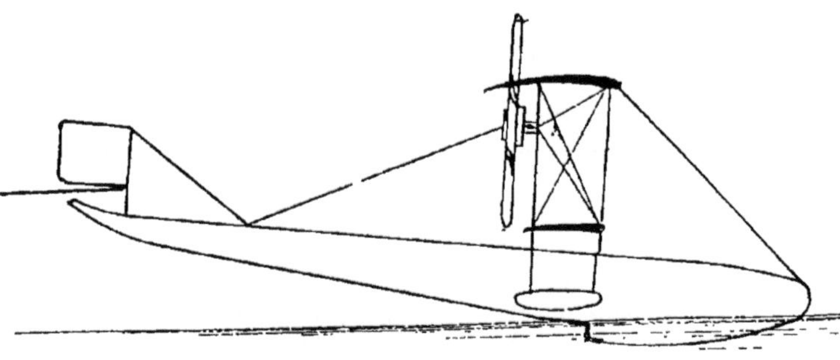

FIG. 52. — Fuselage-coque « Denhaut ».

CHAPITRE X

51. — Hélice, définition et caractéristiques.

L'*hélice* est un organe qui transforme le mouvement de rotation du moteur en une traction suivant l'axe de l'appareil, en prenant appui sur le milieu aérien.

Elle est, en général, constituée essentiellement par deux pales (fig. 53) qui attaquent l'air avec une certaine inclinaison.

L'hélice progresse dans l'air à la façon d'une vis dans le bois. Mais l'air, étant élastique, recule un peu sous l'action de l'hélice, qui n'avance pas autant que si elle progressait dans un milieu solide. Ce phénomène s'appelle le *recul*.

On appelle *pas* d'une hélice la longueur dont elle avancerait si elle se vissait dans un milieu solide pendant un tour complet.

Le *recul absolu* est la différence entre le pas de l'hélice et la quantité dont elle avance réellement pendant un tour.

Le *rendement* est le rapport entre le travail fourni

par l'hélice et le travail dépensé par le moteur. Il
dépend de la façon dont l'hélice est construite et
de l'appareil auquel elle est adaptée. Il faut, en
effet, que son pas moyen soit en rapport avec la
vitesse de l'appareil : ce qui fait que différentes
hélices également bien construites, mais de pas

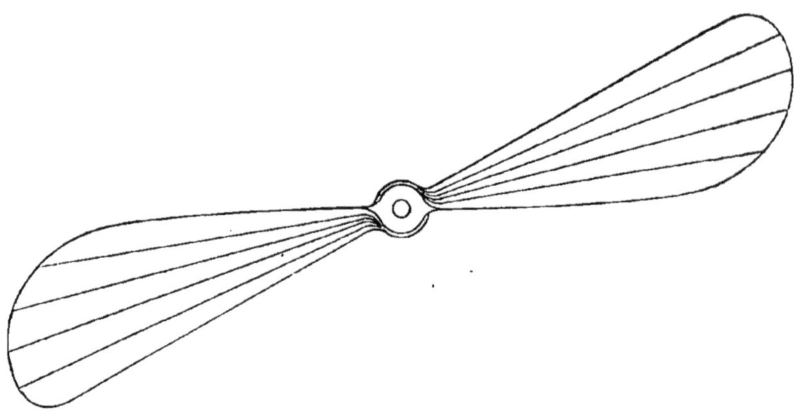

FIG. 53. — Hélice en bois à deux pales.
Les raies longitudinales indiquent les lignes de collage des
différentes planches qui ont servi à la confection de l'hélice.

différents, ne conviendront pas également à un
aéroplane donné. C'est le *rendement d'utilisation.*

Diamètre, nombre de tours. — Actuellement l'hélice est presque toujours montée en prise directe,
c'est-à-dire fixée sur l'arbre du moteur. Elle doit
donc tourner au nombre de tours du moteur, qui
varie généralement entre 900 et 1.300 tours par
minute.

On peut aussi faire tourner les hélices à une vitesse moindre, en les commandant au moyen d'une

chaîne ou par un train d'engrenages. Une solution
de démultiplication simple a été inaugurée par la

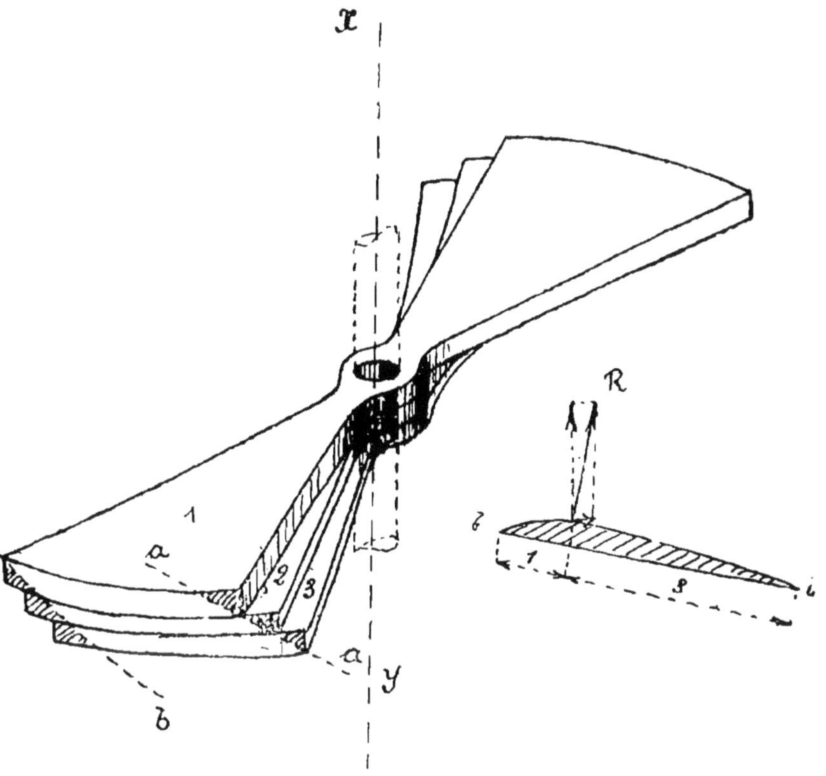

Fig. 51. — Construction d'une hélice en bois par collage de
planches superposées. Les parties hachurées seront enle-
vées dans la construction de l'hélice, qui doit avoir la section figurée à côté. On voit, sur cette section, la direction
R de la résistance de l'air et ses deux composantes : trai-
née et poussée.

maison « Renault », et nombre de constructeurs l'ont
d'ailleurs suivie dans cette voie : le moyeu d'hélice au

lieu d'être monté sur l'arbre principal du moteur est
calé sur l'arbre à cames qui tourne à demi-vitesse.
Quand les hélices sont ainsi démultipliées, on leur
donne un plus grand diamètre et elles tournent
plus lentement. Le rendement est meilleur dans
ces conditions, mais on a l'inconvénient de la
transmission.

On pourra donc employer soit de grandes hélices lentes, soit de petites hélices rapides. En ceci,
on est généralement guidé par la place dont on
dispose et l'endroit où l'on veut placer l'hélice.

Enfin, on actionne parfois deux hélices tournant
en sens inverses avec le même moteur.

Nombre de pales. — Il est habituellement de
deux. Cependant on a fait des essais intéressants
de propulseurs à trois et surtout à quatre pales.
Mais les difficultés de construction augmentent.
En outre, chaque pale, tournant dans les remous
produits par la précédente, a un rendement de plus
en plus mauvais à mesure que le nombre des pales
augmente.

Les pales ont un profil de section analogue à
celui des ailes d'aéroplanes.

Une hélice qui, vue de l'avant, progresse en tournant dans le sens des aiguilles d'une montre, est
une hélice dextrorsum ou avec *pas à droite*. En
sens inverse, c'est une hélice sinistrorsum ou avec
pas à gauche. L'hélice placée en avant des ailes est
appelée *hélice tractive* ; placée en arrière, elle est
appelée *propulsive*.

52. — Construction des hélices.

On a fait, autrefois, beaucoup d'hélices métalliques ; elles sont d'une construction facile et économique. Mais elles ont l'inconvénient d'être trop flexibles et de trop vibrer, ce qui provoque des transformations moléculaires du métal, pouvant amener des ruptures. De plus, les débris sont de dangereux projectiles. Aussi, actuellement, toutes les hélices sont-elles en bois. Le bois généralement employé est le noyer collé en planches superposées (fig. 54). On peut ainsi n'employer que des planches parfaitement saines, et l'on a une grande garantie de solidité. Le bois ainsi collé est façonné à la gouge, puis à la plane, puis poncé.

L'hélice est ensuite équilibrée, pour que ses pales aient rigoureusement le même poids. Certains constructeurs entourent l'extrémité des pales avec une bande de toile collée pour les consolider. L'hélice est enfin vernie au tampon et équilibrée une dernière fois.

CHAPITRE XI

MOTEURS

53. — **Principe des moteurs à explosion**.

Les moteurs d'aviation sont des moteurs à pétrole, comme les moteurs d'automobile dont ils
dérivent.

Le principe de ces moteurs consiste à utiliser
l'énergie produite par l'explosion d'un mélange
comprimé d'air et de vapeurs de pétrole. Le mélange
gazeux, comprimé par un piston dans une chambre
d'explosion, est enflammé par une étincelle électrique. Il explose et repousse le piston, dont le
mouvement est transmis par un système articulé
à un arbre, sur lequel on recueillera la puissance
fournie par le moteur. Il est nécessaire que le
mélange de gaz soit comprimé, sans cela il brûle
simplement et sa force d'expansion est beaucoup
moindre.

Le combustible utilisé est de l'essence de pétrole.

Un moteur à pétrole comprend essentiellement :

1° Une chambre d'explosion dans laquelle se
meut un piston ;

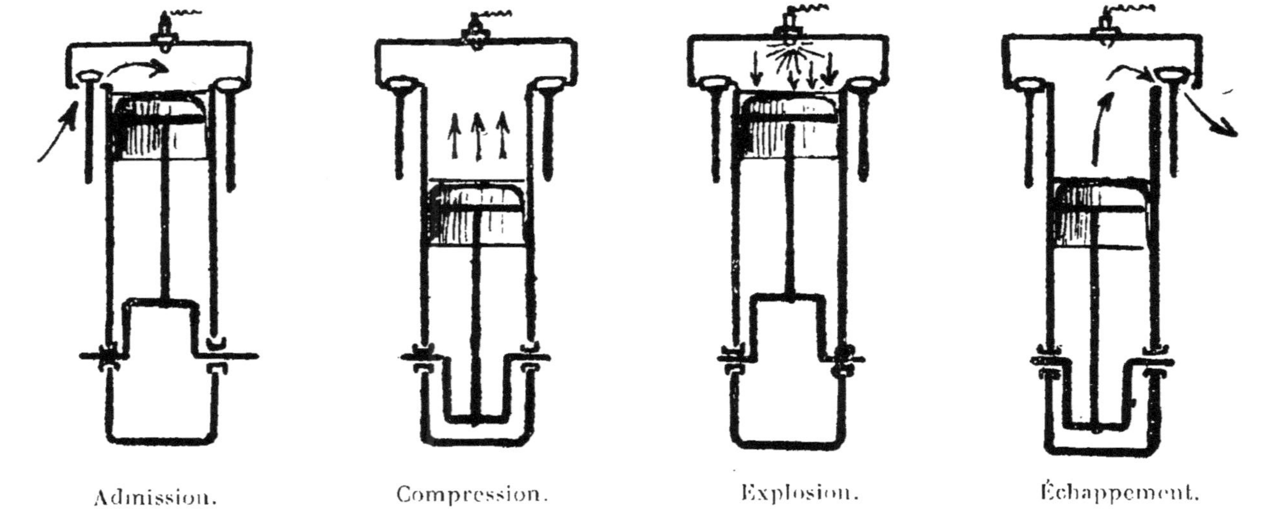

Admission. — La soupape d'admission s'ouvre ; le piston descend et aspire le mélange détonant qui va remplir le cylindre.

Compression. — Les deux soupapes sont fermées ; le gaz est comprimé dans la chambre par le piston qui remonte.

Explosion. — Les soupapes restent fermées ; l'étincelle jaillit à la bougie et allume le mélange détonant qui chasse violemment le piston : c'est le temps moteur.

Échappement. — La soupape d'échappement s'ouvre ; le piston, en remontant, refoule les gaz brûlés à l'extérieur.

FIG. 55. — SCHÉMA DU FONCTIONNEMENT D'UN MOTEUR A EXPLOSION A QUATRE TEMPS

2° Un arbre et un système de leviers articulés qui transforment le mouvement rectiligne du piston en mouvement circulaire de l'arbre ;

3° Un dispositif de distribution, réglant l'entrée et la sortie des gaz dans la chambre d'explosion ;

4° Un appareil producteur du mélange gazeux ;

5° Un dispositif d'allumage électrique, servant à provoquer l'explosion ;

6° Un organe de régulation ;

7° Un dispositif de refroidissement de la chambre d'explosion ;

8° Un dispositif de graissage.

54. — Cycle à quatre temps.

On appelle *cycle* l'ensemble des opérations qui se succèdent dans la chambre d'explosion, depuis l'entrée du mélange frais, d'air et de vapeur de pétrole, jusqu'à l'expulsion des gaz brûlés.

Le cycle des moteurs actuels comprend quatre phases, d'où son nom de *cycle à quatre temps*. Chaque temps correspond à une allée ou une venue du piston.

1ᵉʳ *temps : aspiration.* — Le piston s'éloigne du fond du cylindre aspirant derrière lui le mélange gazeux.

2ᵉ *temps : compression.* — Le piston étant arrivé à l'extrémité de sa course, l'arrivée de gaz frais se ferme, et le piston revient vers le fond du cylindre, comprimant le volume de gaz isolé dans la chambre d'explosion.

3ᵉ *temps : explosion.* — Le gaz étant comprimé

et le piston au bout de sa course, l'étincelle jaillit,
faisant exploser le mélange qui repousse le piston.
(Ce temps s'appelle *temps moteur*, par opposition
aux autres, qu'on appelle *temps résistants.*)

4e temps : échappement. — Le piston, en vertu de
la vitesse acquise, remonte et chasse les gaz brûlés.

A partir de ce moment, les choses sont reve-
nues au même point qu'au commencement du
premier temps, et le cycle recommence.

Avance à l'allumage, avance à l'échappement. —
On a trouvé que si l'on fait éclater l'étincelle un peu
avant que le piston ne soit au bout de sa course
vers le fond du cylindre, le travail fourni par
l'explosion se trouve augmenté, de même si l'on
ouvre l'orifice d'échappement des gaz brûlés, un
peu avant que le piston ne soit à fond de course.
C'est ce qu'on appelle l'avance à l'allumage et
l'avance à l'échappement.

Mise en marche. — Pour que le cycle puisse se
produire, il faut qu'un mouvement préalable ait
été imprimé aux organes du moteur pour accom-
plir les deux premiers temps et produire l'étincelle
pour l'explosion. Ce mouvement, donné à la main
au moyen d'une manivelle qui s'embraye sur
l'arbre du moteur, constitue la mise en marche.

Le cycle à quatre temps est pratiquement le seul
employé dans les moteurs d'automobile et d'aviation. Il existe cependant des moteurs à explosion
qui utilisent un cycle à deux temps. Les quatre
phases décrites ci-dessus se produisent pendant
une seule allée et venue du piston.

55. — Chambre d'explosion (1).

On appelle :

Cylindre, la chambre dans laquelle se fait l'explosion.

Piston, le fond mobile qui se déplace dans le cylindre, et sur lequel est recueilli le travail fourni par l'explosion.

Alésage, le diamètre intérieur du cylindre.

Course, la longueur parcourue par le piston dans le cylindre.

Cylindrée, le volume intérieur du cylindre quand le piston est le plus loin possible du fond du cylindre.

Culasse, le fond fixe du cylindre.

Segments, des anneaux brisés élastiques en acier, logés dans des rainures du piston, et qui, s'appliquant contre les parois du cylindre, empêchent les fuites de gaz autour du piston.

Ouvertures d'admission, les orifices par où pénètre le gaz carburé dans le cylindre.

Ouvertures d'échappement, celles qui servent à la sortie des gaz brûlés.

Soupapes, les clapets fermant les ouvertures d'admission et d'échappement.

56. — Arbre et organes de transmission.

On appelle :

Vilebrequin, l'arbre coudé du moteur.

(1) Pour toutes les définitions, voir figure 55.

Maneton, la partie coudée du vilebrequin.

Bielle, une tige articulée sur le piston et sur le maneton du vilebrequin, et qui transmet à ce dernier l'effort reçu par le piston.

La bielle et le maneton constituent le système de leviers articulés qui transforment le mouvement rectiligne alternatif du piston en mouvement circulaire continu du vilebrequin.

L'extrémité de la bielle articulée sur le vilebrequin est la *tête de bielle*, celle articulée sur le piston est le *pied de bielle*.

L'usure des pièces en fer en frottement est évitée par l'interposition d'un cylindre en bronze appelé *coussinet*, intercalé entre les pièces en frottement, et qui, étant beaucoup plus tendre, supporte l'usure.

57. — Dispositif de distribution.

Les soupapes reposent sur les bords des ouvertures d'admission et d'échappement. Ces bords, taillés en pente, s'appellent les *sièges* des soupapes. Les soupapes sont maintenues sur leur siège par des ressorts.

Les soupapes d'admission sont dites *automatiques* si elles s'ouvrent simplement par la dépression produite dans le cylindre par la descente du piston. Elles sont *commandées* si leur ouverture est commandée par un système mécanique.

Les soupapes d'échappement sont toujours *commandées*.

On appelle *arbre à cames* un arbre cylindrique

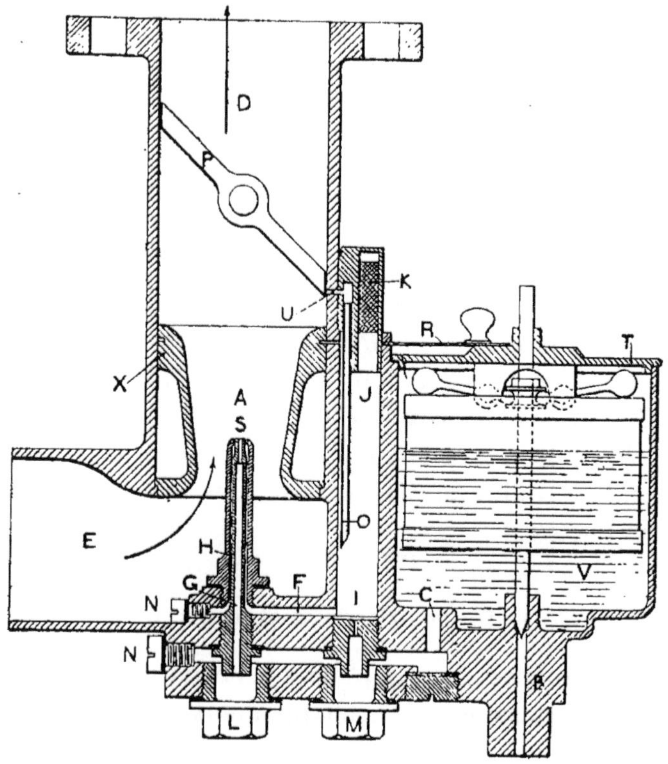

Fig. 56. — Carburateur « Zénith ».

A, étranglement des gaz (diffuseur); — C, conduit amenant
l'essence aux gicleurs; — D, tuyau d'admission au moteur;
— F, conduit amenant l'essence du puits jusqu'au gicleur annulaire H; — G, gicleur principal; — H, conduit annulaire de
l'essence aspirée dans le puits J; — I, gicleur compensateur; —
J, puits ou pipe où débite le compensateur I; — K, crépine de
fermeture du puits; — L. M, bouchons des gicleurs; — N. N,
vis d'usinage; — O, tube du ralenti; — U, orifice du giclage de
l'essence au ralenti; — R, ressort de fixation du couvercle de
niveau constant.

parallèle à l'axe du vilebrequin, et qui commande

la levée des soupapes. Sur cet arbre, entraîné par un engrenage à une vitesse moitié de celle du vilebrequin, sont calés des excentriques appelés cames, qui soulèvent en passant les tiges des soupapes, par l'intermédiaire de tiges appelées *poussoirs*, ou de systèmes de leviers appelés *culbuteurs*.

La boîte renfermant le vilebrequin et les engrenages s'appelle *carter*. Elle est habituellement en aluminium. Elle sert de socle au moteur.

58. — Appareil producteur du mélange gazeux.

Cet appareil, appelé *carburateur* (fig. 56), consiste en une boîte métallique, dans laquelle passe l'air aspiré dans le cylindre. Au centre de la boîte arrive l'essence, par un tout petit orifice appelé *gicleur*.

Sous l'effet de la dépression, l'essence jaillit en une gerbe très fine, dont les gouttelettes se mélangent immédiatement à l'air aspiré qui afflue autour du gicleur.

La pression de l'essence au-dessus du gicleur est maintenue constante par un flotteur placé dans une boîte contiguë et dont l'axe, terminé par un pointeau, ferme plus ou moins l'orifice de départ d'essence.

59. — Dispositif d'allumage.

Le courant électrique est produit par une *magnéto* (fig. 57). C'est une machine génératrice de courant électrique constituée par des enroulements de fils qui tournent dans le champ magnétique produit par des aimants en fer à cheval. La rotation de la magnéto est commandée par l'arbre du moteur, au moyen d'engrenages.

Les fils d'allumage de chaque cylindre aboutissent à un *commutateur tournant*, qui lance le courant de la magnéto, au moment convenable,

Fig. 57. — Magnéto.

dans chacun des cylindres, les autres restant isolés pendant ce temps.

L'étincelle se produit dans le cylindre, entre deux pointes de platine portées sur un support isolant en porcelaine. L'ensemble constitue la *bougie*.

60. — Régularisation du couple moteur. Volant. — Nombre de cylindres.

Irrégularité du couple moteur. — Nous avons vu

qu'à chaque cycle, il n'y a dans un cylindre qu'un temps moteur, celui de l'explosion, pour trois temps résistants. Le couple moteur passe donc par un maximum au temps de l'explosion, pour diminuer aux autres temps où les organes ne font qu'absorber une partie de l'énergie produite au temps moteur pour continuer leur course.

Il s'ensuit que le couple moteur n'a pas une valeur constante, mais éprouve une série de variations périodiques qui se reproduisent à chaque cycle.

Volant. — Pour augmenter la régularité du couple et aider le moteur à passer les temps résistants, on dispose sur le vilebrequin une grosse roue pleine, en fonte, appelée *volant*, qui emmagasine de l'énergie au temps moteur, pour la restituer pendant les temps résistants.

Emploi de plusieurs cylindres. — Un autre moyen d'augmenter la régularité du couple consiste à placer plusieurs cylindres côte à côte, agissant sur le même arbre, et réglés de façon que le temps moteur de chacun d'eux tombe pendant les temps résistants des autres.

De cette façon, un moteur à quatre cylindres, par exemple, aura deux explosions par tour, alors qu'un monocylindre n'en aura qu'une tous les deux tours.

L'emploi de plusieurs cylindres permet de réduire considérablement l'importance du volant. Elle ne permet pas, toutefois, de s'en passer complètement dans les quatre cylindres verticaux.

61. — Refroidissement des cylindres.

Circulation d'eau. — Pour éviter l'échauffement des cylindres qui entraînerait le grippage des pistons, les cylindres sont entourés extérieurement par une circulation d'eau. L'eau chaude va ensuite se refroidir dans un appareil constitué par une série de tubes et qu'on appelle *radiateur*, parce qu'ils rayonnent leur chaleur dans l'air ambiant. L'eau refroidie retourne ensuite aux cylindres, en sorte que c'est toujours la même eau qui ressert.

La circulation de l'eau est assurée par une pompe : *circulation par pompe*, ou par différence de densité entre l'eau chaude et l'eau froide : *circulation par thermo-siphon*.

Ainsi que nous le verrons dans les moteurs d'aviation, le refroidissement se fait souvent par l'air.

62. — Graissage.

Pour que les différents organes puissent glisser les uns par rapport aux autres sans s'échauffer, les parties en frottement doivent être enduites d'un corps gras ou lubrifiant. Ce lubrifiant est habituellement de l'huile.

C'est de l'*huile minérale* extraite des pétroles dans les moteurs d'automobile et quelques moteurs d'aviation, et de l'*huile de ricin*, qui est une huile végétale, dans la plupart des moteurs d'aviation.

L'huile peut être simplement placée dans le carter et lancée un peu partout par le mouvement

des manetons qui y barbotent à chaque tour.
C'est le graissage par *barbotage*. Elle peut être
envoyée directement aux points à lubrifier par
une pompe. Pour cela, le vilebrequin et les bielles
sont percés d'un petit canal en leur centre sur
toute leur longueur, par où l'huile chemine jusqu'aux coussinets; c'est le *graissage par pompe* ou
graissage sous pression.

**63. — Dispositions du moteur d'automobile et
procédés d'allégement employés dans les moteurs d'aviation.**

Dans les moteurs d'automobile, il y a généralement plusieurs cylindres (de un à six, le plus souvent quatre) placés verticalement sur une seule
ligne, la culasse en haut et reposant sur le carter.
Ils sont en fonte et venus de fonte d'un seul bloc.

Les pistons et les bielles sont en fonte, le carter
en aluminium. Le vilebrequin, en acier, a autant
de manetons qu'il y a de cylindres.

Le refroidissement se fait par eau.

La régularisation du couple moteur est obtenue
par un volant.

Le moteur d'automobile ainsi construit pèse
environ 12 kilos par cheval.

Or, le vol ne devient possible qu'avec des moteurs
ne dépassant pas 7 kilos. Mais il est fort précaire
et il ne devient réellement praticable qu'avec des
moteurs de 3 à 4 kilos par cheval.

La nécessité d'alléger les moteurs d'aviation a
conduit à un certain nombre de dispositifs qui

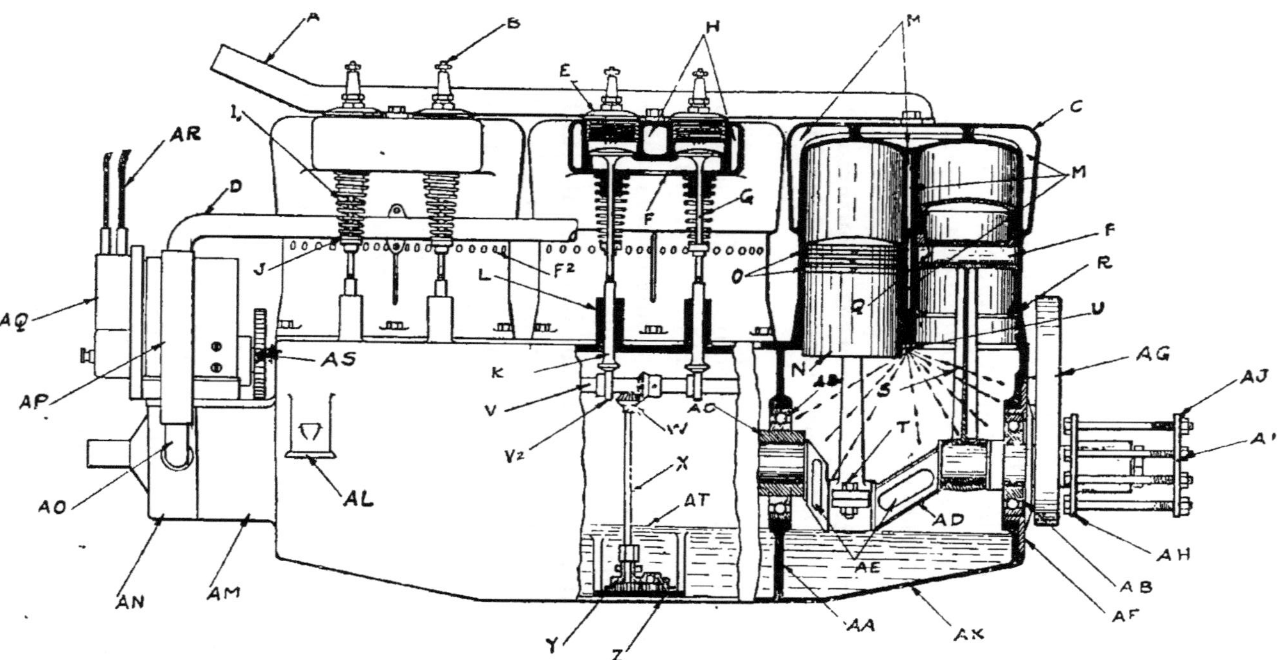

FIG. 58. — Coupe dans un moteur six cylindres à quatre temps.

A   Tube de sortie de l'eau de refroidissement.
B   Bougie d'allumage.
C   Cylindre.
D   Pompe à eau de refroidissement.
E   Couvercle de soupape.
F   Ouverture d'échappement.
F^2 Ouvertures auxiliaires pour l'échappement.
G   Soupape d'échappement.
H   Chambre d'eau de refroidissement des soupapes.
I   Ressort de soupape d'échappement.
J   Butoir inférieur d'échappement.
K   Poussoir de la soupape d'échappement.
L   Guide du poussoir de la soupape d'échappement.
M   Enveloppe du cylindre.
N   Piston.
O   Segment du piston.
P   Axe de pied de bielle.
Q   Coussinet de pied.
R   Joints du piston.
S   Bielle.
T   Axe de tête de bielle.
U   Tubulure pour le graissage.
V   Arbre à cames.
V^2 Came.

W   Engrenage de la pompe à huile.
X   Arbre de commande de la pompe à huile.
Y   Pompe à huile,
Z   Plaque de fixation de la pompe à huile.
AA   Support de roulement à billes.
AB   Roulement à billes.
AD   Vilebrequin.
AE   Evidements du vilebrequin.
AF   Disque du vilebrequin.
AG   Carter.
AH   Moyeu de l'hélice.
AI   Plaque de fixation de l'hélice.
AJ   Boulons.
AK   Carter.
AL   Support du moteur.
AM   Carter de l'engrenage de la manivelle et support de la magnéto.
AN   Pompe à eau.
AO   Tuyau d'eau de refroidissement.
AP   Tuyau de la pompe à eau.
AQ   Magnéto
AR   Fils de la magnéto.
AS   Engrenage de la magnéto.
AT   Niveau de l'huile.

leur donnent des aspects variés, souvent fort différents de celui des moteurs d'automobile.

Les principaux moyens d'allégement sont :

*La réduction au minimum du poids de toutes les
pièces ;*

La suppression d'organes ;

L'emploi de nouvelles dispositions.

64. — Réduction du poids des pièces.

On réduit le poids des pièces :

1° *En leur donnant des sections dites d'égale résistance*, c'est-à-dire en disposant la matière pour
que son épaisseur soit partout en rapport avec les
efforts supportés.

2° *En employant des métaux plus résistants ;*
par exemple, en substituant l'acier à la fonte,
comme dans les cylindres des rotatifs, afin de
pouvoir employer des sections plus faibles.

65. — Suppression d'organes.

1° *Volant.* — En augmentant suffisamment le
nombre des cylindres et en les disposant en V, ou
mieux en étoile, autour d'un maneton unique, on
peut rapprocher suffisamment les temps moteurs
et se passer de volant.

2° *Eau de refroidissement.* — L'eau de refroidissement et tous les accessoires : double enveloppe
des cylindres, tuyauteries, radiateurs, pompes de
circulation, constituent une fraction importante

du poids du moteur à explosion. Aussi a-t-on tenté de supprimer ce poids inerte. Le refroidissement est fait alors par l'air, directement sur les cylindres, qui sont munis d'ailettes pour augmenter la surface de radiation.

Ou bien les cylindres sont fixes et refroidis soit par le courant d'air produit par le vent de la marche, soit par de l'air soufflé par un ventilateur, ou bien les cylindres eux-mêmes sont en rotation, et leur vitesse circonférencielle assure le refroidissement.

66. — Dispositions nouvelles.

Certaines dispositions des organes permettent une réduction de la dimension, et, par suite, du poids de certains organes. Telles sont les dispositions des cylindres en V, en éventail, en étoile, qui permettent de réduire la longueur du vilebrequin et du carter. Avec la disposition en étoile, en particulier, le vilebrequin se réduit à un seul maneton, sur lequel sont montées toutes les bielles. Ce maneton n'a pas besoin d'être renforcé, puisque les explosions sont successives et qu'il n'a jamais à subir que l'effort de l'une d'elles.

67. — Moteurs à eau à quatre cylindres verticaux.

Ce moteur ne présente rien de particulier. Il est analogue au moteur d'automobile, mais toutes les pièces y ont été allégées au maximum. La compression et la course ont été augmentées. A cette catégorie appartiennent les moteurs « CHENU » et « DANSETTE-GILLET » (fig. 58) et surtout les moteurs « MERCÉDÈS » et « DAIMLER » presque exclusivement employés par l'aviation allemande et autrichienne.

68. — Moteurs en V.

En disposant les cylindres deux par deux sur un même carter, on peut constituer un moteur à huit cylindres, d'encombrement très réduit, dans lequel le volant est supprimé, le carter et le vilebrequin réduits de moitié, ce dernier n'ayant que quatre manetons. La disposition des soupapes sur les cylindres permet de n'employer qu'un seul arbre à cames pour les seize soupapes.

Dans cette catégorie rentrait le moteur « ANTOINETTE » premier moteur d'aviation connu. Actuellement on peut prendre comme type de ce dispositif les Moteurs « RENAULT » (fig. 59). — Il existe dans les moteurs « Renault » toute une gamme de puissances allant de 25 HP pour le quatre cylindres jusqu'à 300 HP pour le douze cylindres.

Le moteur que nous reproduisons ici (fig. 59) est un huit cylindres. Les cylindres sont inclinés à 90°. Le moteur de 90 d'alésage et 120 de course développe 50 HP à 1.800 tours. Ces moteurs présentent les particularités suivantes :

Pour le refroidissement, les cylindres munis d'ailettes sont enfermés dans un capot dans lequel un ventilateur centrifuge refoule de l'air.

Pour permettre l'emploi d'hélices plus lentes, ayant un meilleur rendement, l'arbre à cames est renforcé et utilisé comme arbre porte-moyeu. C'est sur lui qu'est montée l'hélice. Comme il tourne

Fig. 59. — Moteur « Renault » en V, à refroidissement par ailettes et ventilateur.

en sens inverse du vilebrequin et à une vitesse moitié, il en résulte qu'on a une hélice ne tournant qu'à 900 tours et en sens inverse des autres organes du moteur, d'où suppression complète de l'effet gyroscopique.

Des butées à billes aux deux extrémités de l'arbre à cames permettent indifféremment l'emploi d'hélices tractives et d'hélices propulsives. Le graissage se fait par pompe, et le carburateur est muni d'un dispositif de réchauffage réglable avec la température.

Ce moteur est un peu lourd, mais très robuste. Actuellement et principalement pour les moteurs de grosse puissance on revient au refroidissement par circulation d'eau, les autres dispositions étant conservées.

69. — Moteurs en éventail.

Moteur « Anzani » trois cylindres (fig. 60). — C'est un de ces moteurs qui actionnait le monoplan de Blériot quand il traversa la Manche. Il comprend trois cylindres disposés en éventail dans un même plan faisant entre eux 60°, et celui du milieu étant vertical. Ces cylindres explosant à des intervalles irréguliers (300° — 300° — 120°) et n'étant qu'au nombre de trois, un volant est nécessaire. Il est constitué par deux pièces d'acier de 12 kilos chacune, disposées de part et d'autre du plan médian des cylindres et reliées par un maneton sur lequel viennent s'articuler les trois bielles. Le tout est logé dans un carter d'aluminium. Le vilebrequin est ainsi aussi réduit que possible.

Ce volant est évidé convenablement en certains points, pour rétablir l'équilibrage convenable des masses en mouvement.

Les cylindres sont en fonte, munis d'ailettes ; le refroidissement est assuré par le vent de la marche. L'allumage a lieu par accumulateurs et bobine triple à trois circuits indépendants.

Les gaz carburés au sortir du carburateur se rendent dans un renflement du tube d'alimenta-

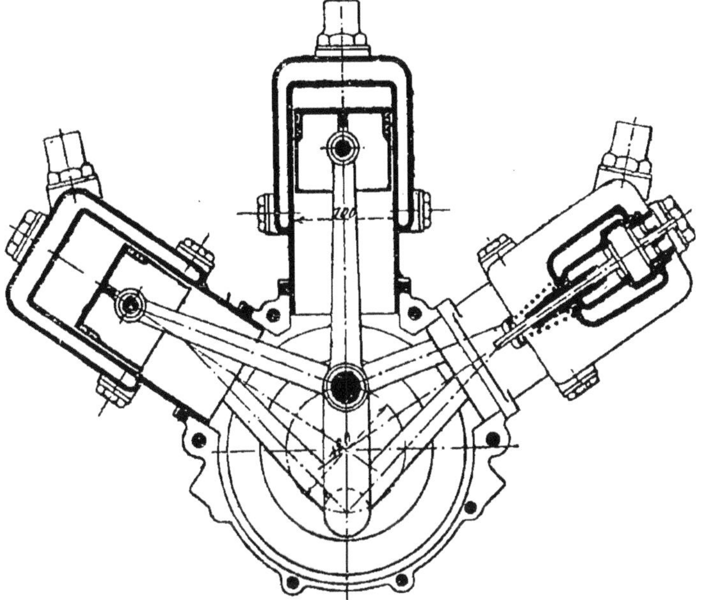

Fig. 60. — Moteur « Anzani », en éventail.

tion appelé nourrice, d'où partent les trois tubes alimentant chacun des cylindres.

La présence de la nourrice régularise l'admission dans les trois cylindres. Des trous placés à la base des cylindres permettent une certaine admission d'air frais en fin de course, qui assure le balayage des gaz brûlés.

Le moteur complet pèse 75 kilos en ordre de marche. Il fait 25 HP à 1.400 tours.

Un autre constructeur spécialiste des moteurs en éventail était M. R. Esnault-Pelterie.

La disposition des moteurs en éventail semble actuellement abandonnée.

70. — Moteurs en étoile.

Moteurs « Anzani » (fig. 61). — La maison Anzani construit également des moteurs en étoile à trois

Fig. 61. — Moteurs « Anzani » en étoile.

cylindres, analogues aux moteurs en éventail, mais le cylindre vertical est dirigé vers le bas. On

a ainsi un couple plus régulier. Ce moteur fournit
30 HP. Pour les puissances supérieures, les moteurs Anzani ont six ou dix cylindres disposés en
étoile double, c'est-à-dire en deux groupes de trois
ou cinq cylindres placés l'un derrière l'autre,
attelés sur deux coudes du vilebrequin, qui comporte alors deux manetons. Ces moteurs ont l'aspect d'une étoile régulière. L'allumage a lieu par
magnéto. Un tel moteur de 100 × 120 développe
45 HP à 1.600 tours, et pèse 100 kilos.

MOTEURS « SALMSON » (syst. *Canton-Unné*)(fig. 62).
Les moteurs Salmson, qui sont tous les jours plus
nombreux dans notre aviation militaire et que les
gouvernements étrangers, eux aussi, considèrent
comme une des solutions les plus satisfaisantes du
délicat problème que constitue le moteur d'aéroplanes, sont des moteurs en étoile fixes. Ils présentent cependant — et c'est ce qui en fait l'intérêt
— de très intéressantes caractéristiques originales.
Tout d'abord, leur refroidissement est assuré par
une circulation d'eau dans des chemises de cuivre
brasées sur les cylindres. Cette disposition, qui peut
paraître un inconvénient du fait de l'accroisse-
ment de poids qu'elle comporte, constitue cependant une amélioration du fait de l'augmentation
de puissance et de la diminution de consommation
spécifique en résultant. Ensuite, et c'est là une des
caractéristiques les plus intéressantes de ce moteur,
il est monté pour 7 cylindres avec un vilebrequin
à un seul maneton, et le schéma de son fonctionnement peut être étudié sur celui d'un rotatif

(fig. 64), en supposant simplement les cylindres fixes et l'arbre vilebrequin mobile. Mais les constructeurs ne se sont pas contentés de cette disposition, et pour assurer une parfaite régularité de marche et une égalité rigoureuse dans les efforts résultant des explosions motrices dans chaque cylindre, les sept bielles sont articulées sur un manchon roulant sur le maneton, manchon dont le mouvement est réglé par un train d'engrenage, le reliant à l'axe principal du moteur. Ainsi tous les pistons ont des courses semblables et supportent tous des réactions d'obliquité égale : ce qui assure un très bon équilibrage.

Les pistons du moteur sont en fonte, les axes secondaires des bielles sont bagués en bronze phosphoreux.

La distribution disposée à l'avant du carter est obtenue par sept cames placées sur sept étages différents, lesquelles tournent à demi-vitesse du moteur. Une même came commande l'échappement et l'aspiration du cylindre correspondant, par l'intermédiaire de deux culbuteurs à galets.

Les soupapes d'admission et d'échappement disposées sur le fond du cylindre sont très facilement accessibles.

Pour le graissage, on a fait déborder les cylindres à l'intérieur du carter, de manière à ménager deux espaces annulaires dans lesquels l'huile circule, maintenue en rotation par les parties tournantes du moteur. Deux pompes à engrenages sont placées à la partie inférieure du carter : l'une envoie l'huile

Fig. 62. — Moteur « Salmson ».

dans le centre perforé de l'arbre manivelle et de là dans les organes en mouvement ; l'autre reprend l'huile, la retourne au réservoir et assure un niveau constant de l'huile dans le carter.

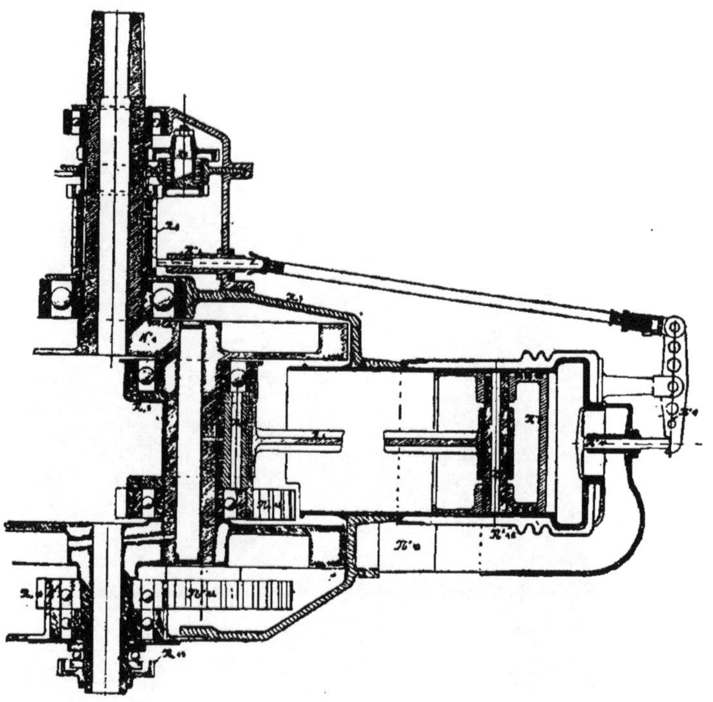

FIG. 63. — Cylindre de moteur « Salmson ».

Le premier type établi était un 80 HP de 120$^{m}/^{m}$ d'alésage et de 140$^{m}/^{m}$ de course ; son régime de marche était 1.300 tours par minute ; son poids de 150 kilos et sa consommation moyenne horaire de 21 litres d'essence et de 1 l. 5 d'huile.

Depuis ce premier moteur la maison Salmson a établi toute une gamme complète de puissances qui s'augmente chaque jour de quelque unité intéressante.

71. — Moteurs rotatifs.

Dans ces moteurs, ce sont les cylindres et le carter qui tournent autour du vilebrequin, qui est fixe.

C'est sur le bloc formé par le carter et les cylindres qu'on recueille la puissance. Le fonctionnement du moteur repose sur le décalage de deux mouvements circulaires simultanés ; le carter et les cylindres tournent autour d'un centre, pendant que les bielles et les pistons tournent autour d'un centre différent (fig. 64). Dans la rotation, les pistons s'approchent et s'éloignent donc alternativement de la circonférence décrite par le fond des cylindres : d'où glissement des pistons dans les cylindres, qui permet d'assurer les quatre temps du cycle. Comme à chaque rotation le piston s'éloigne et se rapproche une seule fois du fond du cylindre, il faut deux tours pour effectuer les quatre temps du cycle ; il n'y aura donc, pour chaque cylindre, qu'une explosion tous les deux tours.

Les avantages du rotatif sont :

La suppression du volant, remplacé par la masse des cylindres qui constitue un volant beaucoup plus puissant : d'où grande régularité du couple moteur.

Suppression de l'eau de refroidissement, celui-ci étant parfaitement assuré, même au point fixe, par la rotation des cylindres.

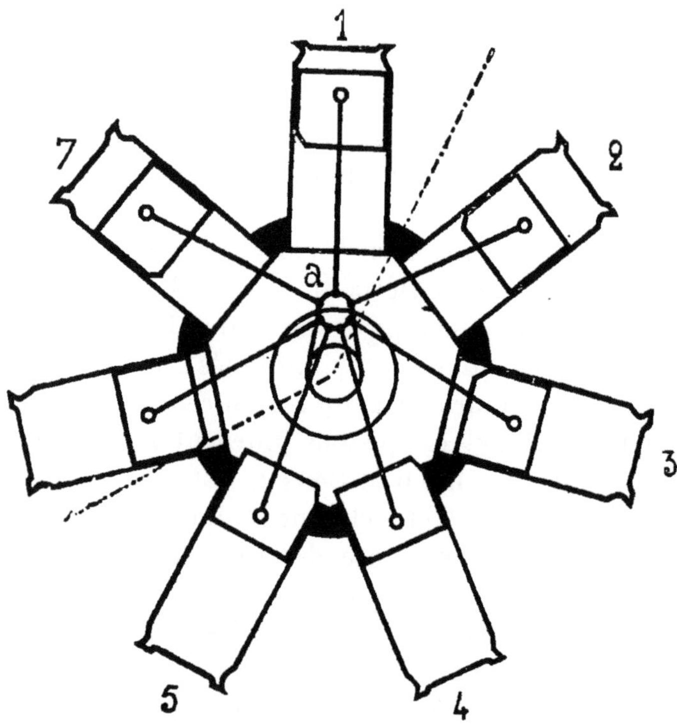

Fig. 64. — Schéma du fonctionnement du moteur « Gnôme ».

Réduction de poids sur le carter et le vilebrequin, résultant de la disposition en étoile.

Bon équilibrage provenant de l'absence de mouvement alternatif.

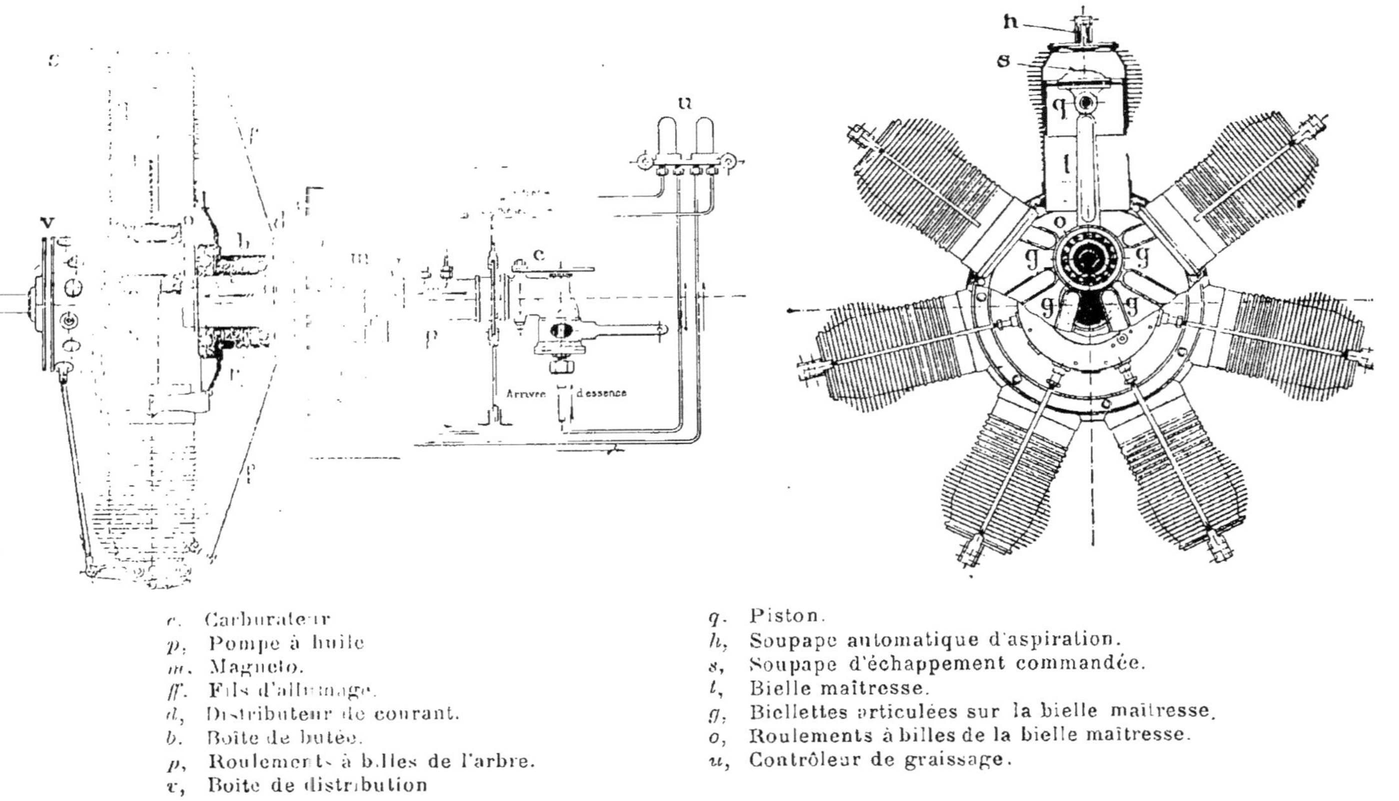

c, Carburateur
p, Pompe à huile
m, Magnéto.
ff, Fils d'allumage.
d, Distributeur de courant.
b, Boîte de butée.
p, Roulements à billes de l'arbre.
r, Boîte de distribution

q, Piston.
h, Soupape automatique d'aspiration.
s, Soupape d'échappement commandée.
l, Bielle maîtresse.
g, Biellettes articulées sur la bielle maîtresse.
o, Roulements à billes de la bielle maîtresse.
u, Contrôleur de graissage.

Fig. 65. — Coupe et plan du moteur « Gnôme » 50 HP.

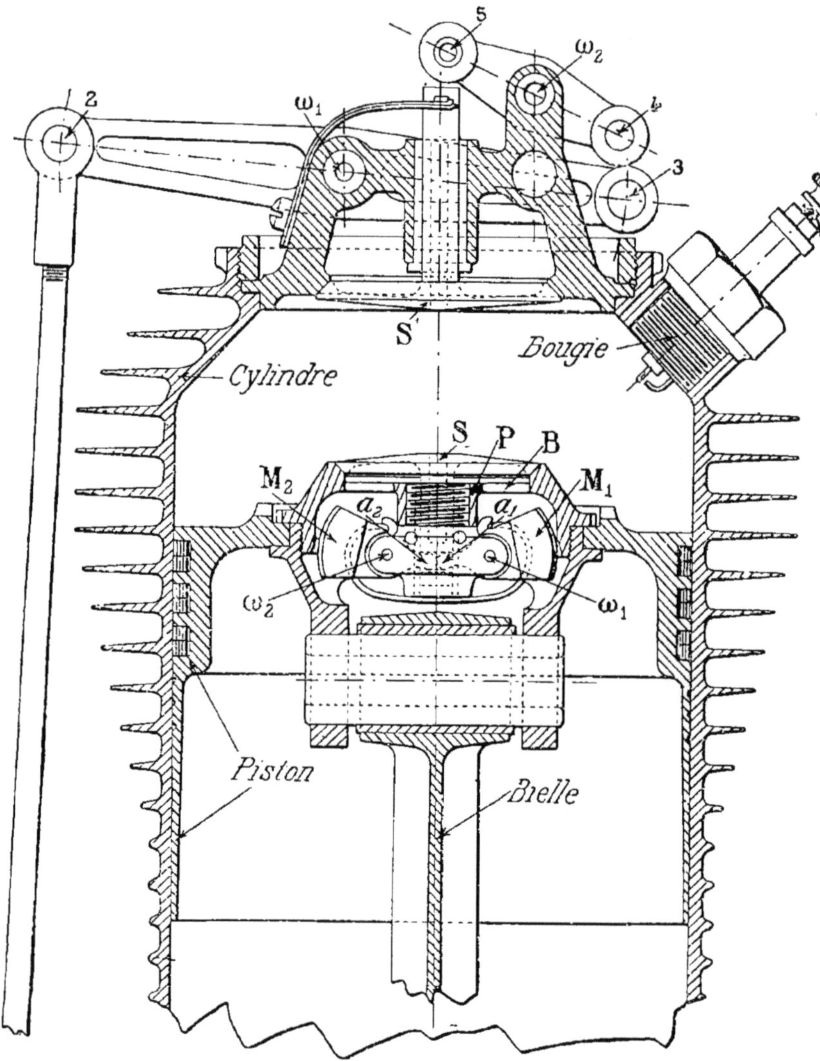

Fig. 66. — Partie supérieure d'un cylindre
de moteur « Gnôme ».

On voit, dans le piston, la soupape S d'admission maintenue sur
son siège par le ressort P et le système a^1, a^2, d'équilibrage des
forces centrifuges. S' est la soupape d'échappement commandée
par les culbuteurs ω.

Les inconvénients du rotatif sont :

Grands efforts centrifuges qui tendent à arracher les cylindres du carter et exigent une construction particulièrement solide et soignée. Ces efforts centrifuges exigent aussi un équilibrage spécial de toutes les pièces, et en particulier des soupapes, dont ils empêchent le fonctionnement normal.

Tous ces inconvénients font du rotatif un moteur délicat et qui s'use vite.

Il faut ajouter à cela que la rotation du cylindre absorbe une partie de la puissance, et que, les rotatifs produisent sur les appareils un effet gyroscopique. Une masse en rotation rapide constitue ce qu'on appelle un gyroscope. Le gyroscope a la propriété de résister quand on veut changer son plan de rotation, mais il ne résiste pas avec la même force dans toutes les directions. Il s'ensuit que les aéroplanes munis d'un rotatif vireront très facilement d'un côté, et très difficilement de l'autre. Ce manque de symétrie est un inconvénient pour la conduite des appareils.

Moteur Gnôme (fig. 65) (1). — L'arbre fixe supporte le carter cylindrique autour duquel rayonnent les sept cylindres, par l'intermédiaire de trois roulements à billes.

(1) Ce moteur étant très employé dans l'armée française, nous renvoyons le lecteur qui voudrait se documenter de façon très précise sur la description, le réglage, les pannes de ce moteur, à l'excellente étude du lieutenant Rémy : les Moteurs Gnôme (*Monographies d'aviation*). Librairie Aéronautique, 40, rue de Seine (2 fr.)

Les cylindres sont engagés à frottement dur dans le carter. Ils portent, à leur implantation, une rainure circulaire dans laquelle on place un segment d'acier et des clavettes parallèles aux génératrices du cylindre.

La force centrifuge tend à appliquer le segment sur le carter, et l'assemblage se trouve automatiquement assuré.

Les cylindres et leurs ailettes, d'un seul bloc, sont en acier au nickel, percés, au sommet, d'orifices pour les bougies et les soupapes d'échappement (fig. 66).

Les pistons sont en fonte. Un obturateur en laiton, fonctionnant comme un cuir embouti et maintenu par un petit segment, assure l'étanchéité de la chambre d'explosion.

Six *bielles* sont articulées sur une septième, dite bielle maîtresse, qui est portée elle-même par deux roulements à billes fixés sur le maneton fig. 64).

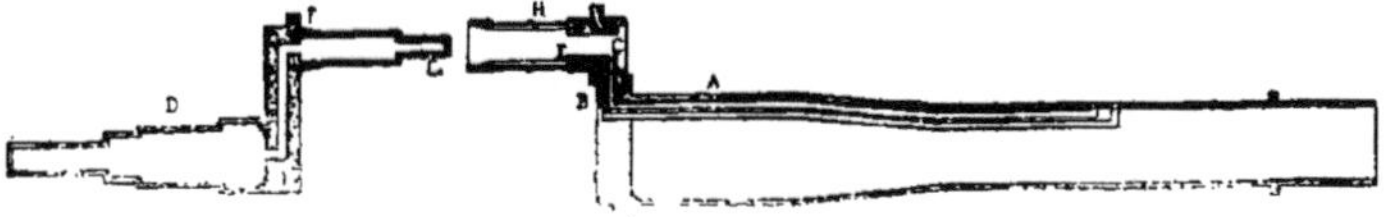

Fig. 67. — Arbre creux d'aspiration et de circulation d'huile.

L'aspiration se fait par l'intérieur du carter, dans lequel l'air carburé arrive par l'arbre fixe, qui est creux (fig. 67 . Le carburateur se réduit à un simple gicleur, dont le débit est réglable à la volonté du pilote.

Les soupapes d'aspiration sont placées dans les

pistons, perforés en leur centre, pour le passage des gaz carburés. Ces soupapes, automatiques, sont équilibrées par des contrepoids, annulant l'action de la force centrifuge qui tendrait à les soulever constamment de leur siège (fig. 66). Le séjour des gaz dans le carter tient lieu de réchauffeur.

Les soupapes d'échappement sont actionnées par culbuteur.

Un distributeur à sept plots, alimenté par une magnéto, fournit le courant, par sept fils, aux bougies.

Le graissage a lieu par pompe, dans des canaux percés dans les différents organes. Il est disposé de façon à être facilité par la force centrifuge. L'huile arrive par deux canaux percés dans l'arbre creux aboutissant aux divers paliers à billes qui supportent le carter et aux paliers de la bielle maîtresse. De là, l'huile, sous l'action de la force centrifuge, chemine d'un côté à travers les bielles et de l'autre suivant des rainures pratiquées sur les flasques. Elle parvient ainsi, par une double issue, jusqu'aux pistons qu'elle lubrifie intérieurement et extérieurement. En aucun cas, l'huile ne parvient dans la capacité libre du carter, qui est réservée aux gaz frais.

Le type « 50 chevaux » donne 45 HP environ à 1.200 tours et pèse 80 kilogrammes.

Sa consommation en essence et en huile est relativement assez élevée.

Aussi, pour un vol de longue durée, la provision à emporter fait-elle perdre au rotatif l'avantage de légèreté qu'il possède sur les différents autres types.

Le 100 HP de la marque Gnôme est constitué par deux 50 HP accolés sur un carter d'épaisseur double.

Les cylindres étant décalés de 260° (fig. 68).

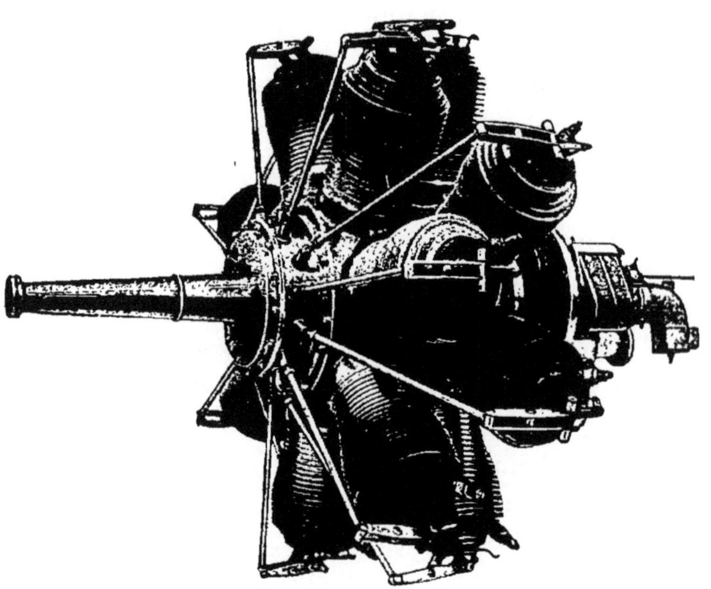

Fig. 68. — Moteur « Gnôme » 140 HP.

Le fonctionnement est le même que celui du 50 HP.

Les usines Gnôme fournissent maintenant toute une série de moteurs dont les caractéristiques sont réunies dans le tableau ci-contre.

TYPES	Ω	Σ	Λ	Δ	Ω Ω	Σ Σ	Λ Λ	Δ Δ	Monosoupapes	
	50	60	80	100	100	120	160	200	Λ	B
Puissance	50	60	80	100	100	140	160	200	80	100
Cylindres	7	7	7	9	14	14	14	14	7	9
Alésage	110	120	124	124	110	120	124	124	110	110
Course	120	120	140	150	120	120	140	150	150	150
Tours	1200	1200	1200	1200	1200	1200	1200	1200	1200	1200
Poids	78	87	94	135	140	135	180	245	»	»

Caractéristique des différents types « Gnôme ».

Moteurs Le Rhône (fig. 69). — Le moteur « Le
Rhône » est un moteur rotatif, constitué par un
nombre impair de cylindres rayonnant, disposés
en étoile et assemblés sur un carter central; cet
ensemble tourne autour de l'arbre vilebrequin fixe.

Le refroidissement se fait uniquement par l'air,
et, à cet effet, les cylindres sont munis d'ailettes.

Le moteur fonctionne d'après le cycle à quatre
temps et *possède des soupapes d'admission et
d'échappement toutes commandées mécaniquement.*

Une des particularités des moteurs « Le Rhône » est
que leur puissance ne varie que d'après le nombre de
cylindres, l'alésage ($105^{m}/^{m}$) et la course ($140^{m}/^{m}$)
étant constantes, de sorte que les organes princi-

paux, *cylindres, pistons, segments, soupapes, bascula-teurs*, etc., sont interchangeables, ce qui facilite beau-coup l'approvisionnement en pièces de rechange.

Les quatre types principaux construits sont :

Fig. 69. — Moteur « Le Rhône » 80 chevaux.

Le 60 HP	. 7 cylindres	. . Poids	80 kil.
Le 80 HP	. 9 cylindres	. . —	110 —
Le 120 HP	. 14 cylindres	. .	140 —
Le 160 HP	. 18 cylindres	. . —	170 —

CHAPITRE XII

MONTAGE ET RÉGLAGE D'UN MONOPLAN

72. — **Description du monoplan « Blériot »**[1].

Les opérations étant sensiblement analogues
pour tous les types de monoplan, nous allons les
indiquer, en détail, sur le monoplan « Blériot », dont
nous allons donner, au préalable, une brève description.

Fuselage. — Le fuselage ou corps est constitué
par une poutre armée fuselée de section quadrangulaire. Les quatre longerons qui forment les
arêtes de ce bâti sont entretoisés par des montants
et l'ensemble est maintenu rigide par des croisil-
lons de fil d'acier dont on règle la tension par le
dispositif breveté « Blériot ». (Voir le paragraphe
assemblages.)

Ailes. — Les ailes, constituées par deux longerons réunis et entretoisés par des nervures sont
arrondies à leurs extrémités. Leur angle d'attaque
est de 7°. Elles sont réunies au fuselage par l'ex-

1. Voir *les Aéroplanes « Blériot »*, par le commandant FÉLIX.
Librairie Aéronautique (2 francs).

trémité de leurs longerons. Les longerons avant ont leurs extrémités cylindriques et pénètrent dans un tube d'acier, placé à la partie supérieure du fuselage ; les longerons arrière ont leurs extrémités qui pénètrent dans un collier en aluminium, porté par un des montants du fuselage et sont fixés à ce collier par des boulons qui les traversent.

Les ailes sont maintenues par un haubannage formé de quatre haubans supérieurs et de quatre haubans inférieurs fixés aux longerons.

Les haubans supérieurs sont en corde à piano, munis de tendeurs. Ils sont soutenus au-dessus du fuselage par la cabane, construction métallique triangulaire portée par le fuselage et sur laquelle les deux haubans d'avant sont fixés, tandis que les haubans d'arrière peuvent coulisser librement sur des poulies. Les haubans inférieurs avant sont en lame d'acier. Ils sont attachés au cadre du châssis d'atterrissage et, par suite, dirigés obliquement vers l'avant. Cette obliquité a été calculée pour combattre la force horizontale d'avant en arrière, qui s'exerce sur l'aile par le fait de la pénétration.

Les haubans inférieurs arrière sont portés par un pylône inférieur et commandent le gauchissement, ainsi que nous le verrons plus loin.

Stabilisateur. — Le fuselage porte, à son extrémité arrière, une surface fixe appelée stabilisateur.

La structure interne du stabilisateur est analogue à celle des ailes.

Aux deux extrémités du plan fixe se trouvent

deux ailerons, dont l'ensemble constitue le gouvernail de profondeur. Un tube qui traverse les nervures du stabilisateur au tiers avant sert à relier les axes des ailerons au levier qui commande le gouvernail de profondeur.

Le stabilisateur est relié au fuselage, à l'avant, par des pattes fixes et des contre-fiches, et, à l'arrière, par une patte à crémaillère, qui permet d'augmenter ou de diminuer l'incidence du plan fixe et de le rendre ainsi plus ou moins porteur.

Gauchissement. — La torsion des ailes est obtenue au moyen des haubans arrière qui, comme nous l'avons vu, coulissent sur des poulies en haut de la cabane et au bas du pylône.

Cloche de commande. — La cloche (fig. 76) sert à commander à la fois le gauchissement et le gouvernail de profondeur. Elle se compose d'une calotte en aluminium, de forme hémisphérique, et mobile en tous sens autour de son pôle, au moyen d'un levier vertical surmonté par un volant.

Aux extrémités du diamètre longitudinal du cercle inférieur de la cloche sont fixés les deux fils qui, par l'intermédiaire de poulies de renvoi, commandent le gouvernail de profondeur.

Les renvois sont combinés de façon qu'en poussant la cloche en avant le gouvernail de profondeur se mette à la descente, et qu'en la tirant à soi, il se mette à la montée ; de même, en poussant la cloche du côté de l'aile la plus haute, on incurve l'aile basse, ce qui a pour effet de redresser l'appareil. Les mouvements sont, par suite, normaux

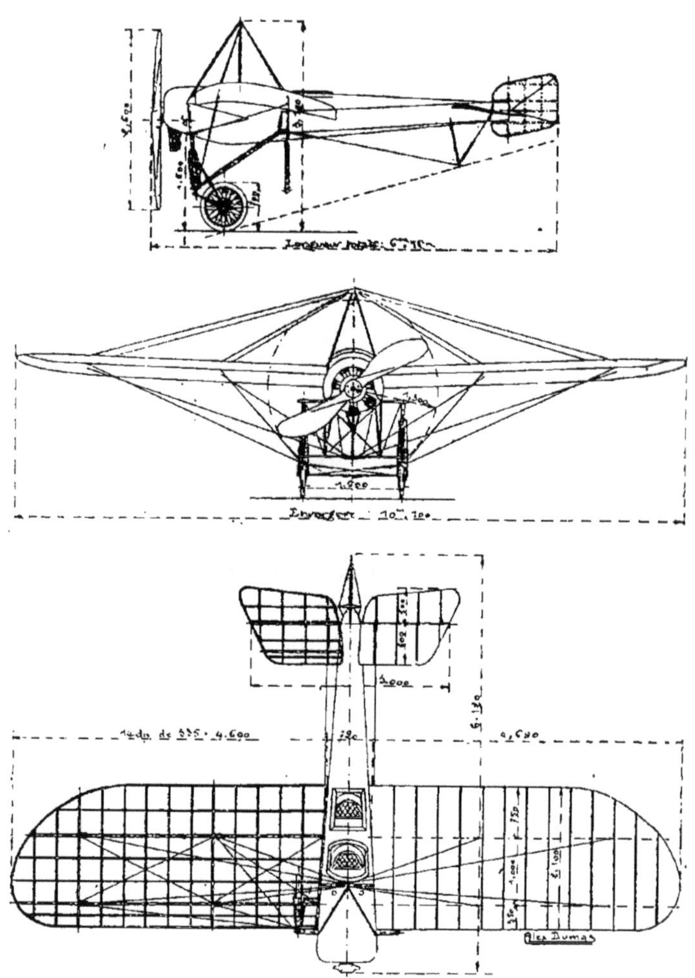

Fig. 70-71-72.

Monoplan « Blériot ».

et pour ainsi dire instinctifs, et passent rapidement à l'état de réflexes.

La cloche porte également le bouton d'allumage et les manettes commandant l'admission des gaz et de l'air au moteur.

Gouvernail de direction. — Il est constitué par une surface de toile verticale, de construction analogue à celle des ailes et du stabilisateur, et placée à l'arrière du fuselage ; cette surface, mobile autour d'un axe vertical, porte un levier qui est mis en mouvement au moyen de fils et par un palonnier sur lequel s'appuient les deux pieds de l'aviateur.

Organes d'atterrissage. — Le châssis d'atterrissage Blériot a été décrit en détail au chapitre VIII.

73. — Transport de l'appareil.

Pour le transport, les ailes sont démontées, puis placées le long du fuselage, sur lequel elles sont maintenues au moyen d'un cadre dans des tasseaux garnis de feutre (fig. 73). Le stabilisateur, le gouvernail de direction et l'hélice, également démontés, sont amarrés sur le fuselage ; le tout peut ainsi être abrité dans une grange

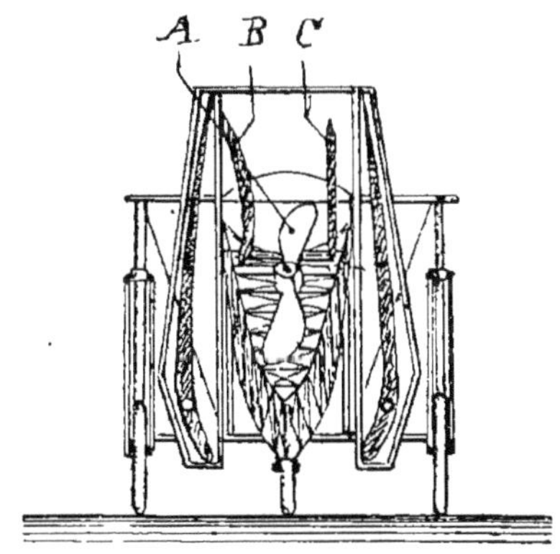

Fig. 73.

ou être transporté sur une remorque traînée par une voiture automobile.

L'appareil peut également, au moyen d'une patte d'attache et d'une roue placée sous le patin d'arrière, être remorqué directement par une automobile.

74. — Montage des ailes.

L'appareil étant dans son cadre, on démonte les côtés du cadre d'emballage, de façon à rendre les ailes libres et enlever le cadre.

On met ensuite l'appareil horizontal dans le sens transversal (fig. 74). Pour cela, on appuie la planche inférieure du châssis d'atterrissage sur un tréteau ou sur des cales, et on surélève l'arrière de l'appareil sur un second tréteau, pour rendre le fuselage sensiblement horizontal. Au moyen d'un niveau placé sur

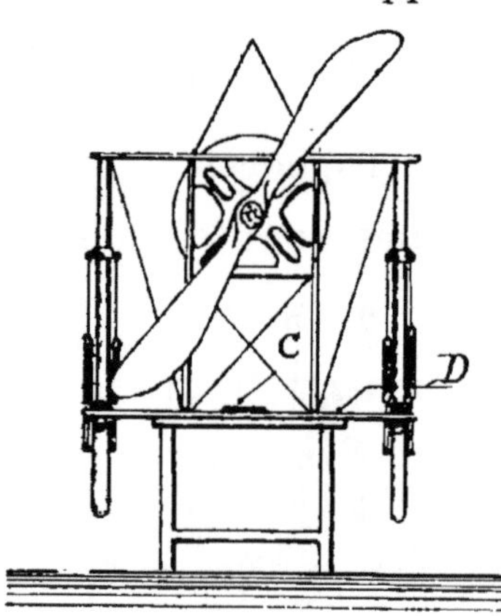

Fig. 74.

la planche inférieure du cadre avant de l'appareil, on amène cette planche à être exactement horizontale en calant convenablement le tréteau. Cette horizontalité servira à mesurer exactement le V des ailes.

On monte ensuite une des ailes, l'aile droite, par exemple. Pour cela un homme monte dans le fuselage, et deux aides soutiennent l'aile. Ils engagent l'extrémité des longerons dans leur logement, et font reposer l'extrémité de l'aile sur un tréteau, dit tréteau d'aile. Les fils supérieurs sont alors attachés à leurs tendeurs.

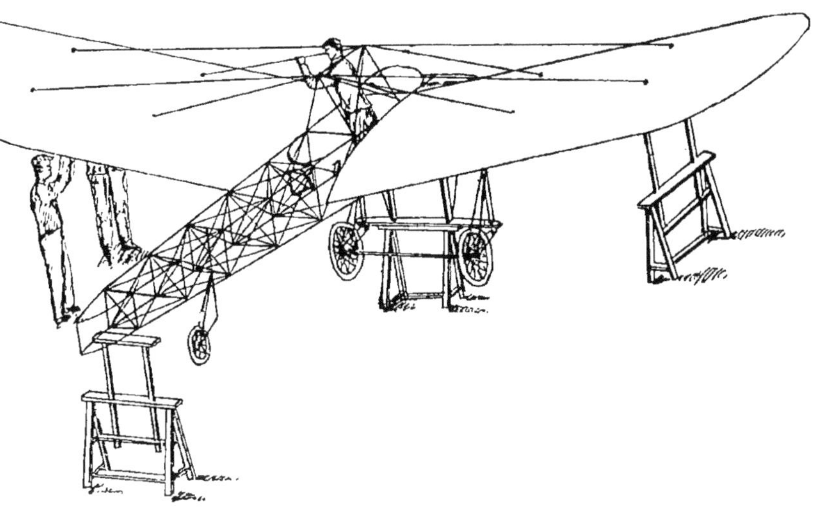

Fig. 75

Il est procédé de même pour l'aile gauche de l'appareil (fig. 75).

Il faut ensuite fixer les haubans inférieurs ; ce sont les plus importants, puisqu'en vol c'est par leur intermédiaire que le poids de l'appareil est soutenu par les ailes.

Il existe pour chaque aile, à l'avant, deux haubans en acier de section plate, et à l'arrière, deux

autres haubans en câble souple (fig. 76-77). Ces deux
figures représentent, dans deux vues différentes,

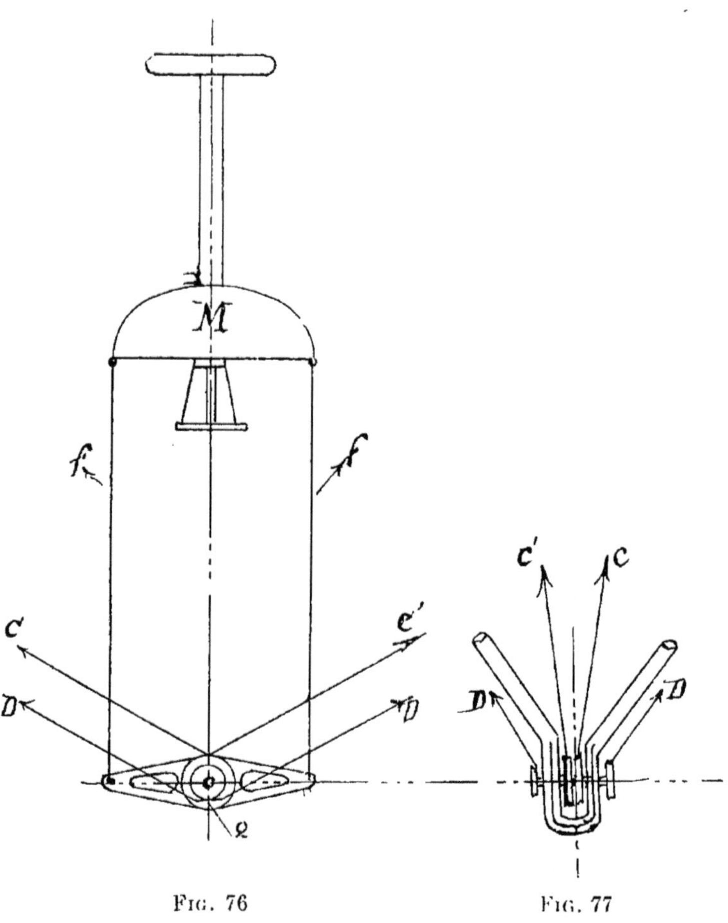

Fig. 76   Fig. 77

le dispositif des haubans inférieurs arrière. La
figure vue de l'avant montre la cloche de direction

et sa connexion avec le balancier de la poulie à deux gorges de gauchissement par les deux fils *f f*. Le fil C C' s'enroule sur cette poulie et lui est fixé en O. Les deux brins divergents C C' sont reliés à l'extrémité de chaque aile par l'intermédiaire de tendeurs.

La figure 77 représente le même dispositif vu de côté.

C C' commandent le gauchissement des ailes ; c'est sur eux que le pilote tire pour déformer les surfaces. Le fil D D' constitue l'autre hauban arrière ; il est formé d'un seul câble passant sur une poulie D. C'est le brin conduit qui sert seulement à soutenir les ailes.

75. — Réglage des ailes.

Tous les haubans étant en place, et l'appareil ayant été mis d'aplomb à l'aide d'un niveau, on se munit d'une règle de 5 p. 100 de pente et du niveau, on applique la règle sur l'aile droite par exemple, et on règle les tendeurs de ces fils supérieurs jusqu'à ce que l'horizontalité soit indiquée par le niveau (fig. 78). Ceci obtenu, on est certain que l'inclinaison de l'aile est de 5 p. 100 sur l'horizontale. On procède de la même façon pour l'aile gauche.

Il est à noter que l'inclinaison de 5 p. 100 n'est pas rigoureuse et peut varier de 1/2 p. 100 en plus ou en moins, mais ce qui est important, c'est qu'elle soit *exactement* la même *pour les deux ailes*.

Les haubans inférieurs avant ne sont pas pratiquement réglables, afin de pouvoir permettre, à la rigueur, de monter un appareil sans être obligé de prendre toutes les précautions que nous venons d'indiquer; il suffit, dans ce cas, de raidir convenablement les haubans supérieurs après avoir fixé les haubans inférieurs, en donnant à ceux-ci une moyenne tension.

C'est ce procédé qui est employé couramment

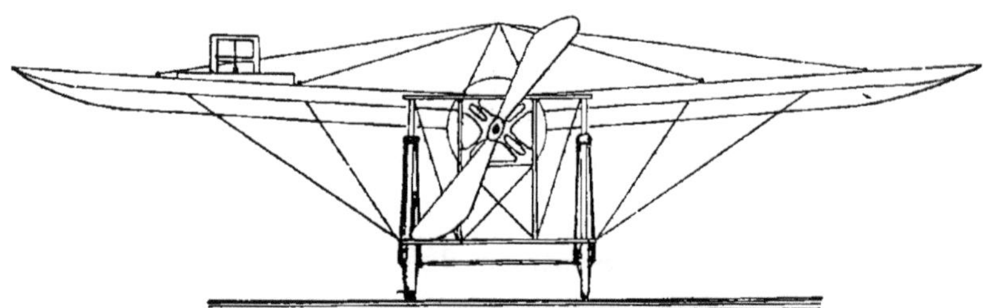

Fig. 78

sur les terrains d'aviation; néanmoins, il est préférable, quand on le peut, de vérifier son appareil comme il a été dit. Si, en procédant ainsi, l'on s'aperçoit de différences de longueur dans les haubans avant non réglables, c'est-à-dire qu'il soit impossible d'obtenir l'égalité de pente des ailes, il est indispensable de faire réajuster par un mécanicien les haubans jugés trop longs ou trop courts.

Les haubans arrière se règlent d'après le réglage exécuté à l'avant, c'est-à-dire que l'on commence à régler les haubans supérieurs en mettant les bras arrière parfaitement parallèles avec les bras avant. Ceci obtenu, les haubans inférieurs sont serrés avec une tension convenable.

Le câble de gauchissement doit se régler de la façon suivante : immobiliser la direction bien au milieu de l'appareil à l'aide d'une corde, puis tendre uniformément à droite et à gauche, de façon à éviter tout flottement dans la commande.

76. — Montage et réglage des surfaces auxiliaires.

Stabilisateur. — Le stabilisateur (fig. 79) se com-

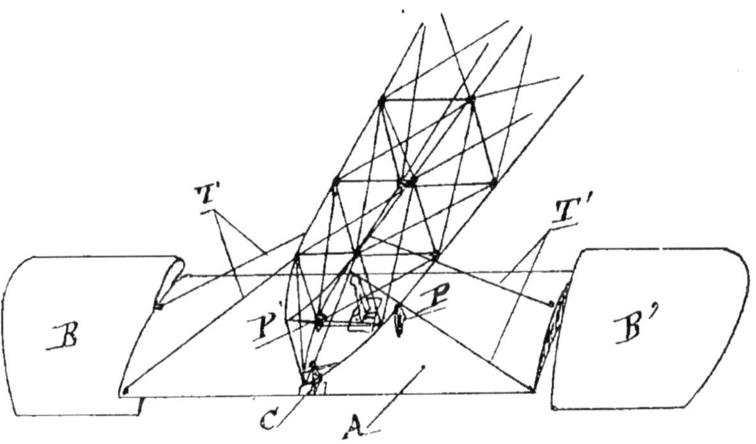

Fig. 79

pose de trois plans : 1° le plan fixe A ; 2° les plans mobiles B et B'.

Le plan fixe est relié à l'avant du longeron inférieur du fuselage par deux pattes P et P', et à l'arrière par une crémaillère réglable C. Ce réglage a pour but d'équilibrer, suivant les besoins, le poids variable de l'aviateur.

Montage du plan fixe. — Monter d'abord les deux parties avant de la partie fixe A et, *à priori*, régler l'incidence du stabilisateur par la crémaillère à peu près parallèlement à l'incidence des ailes.

Il faut ensuite assujettir les tubes de renforcement T et T', de façon que le plan horizontal du stabilisateur soit bien en tous points parallèle à celui des ailes dans le sens transversal.

Montage des ailerons. — Il reste à fixer les deux ailerons B et B'; pour cela, il suffit de rentrer les deux tubes dans leurs logements respectifs, en ayant soin, au préalable, de passer au milieu le levier qui les réunit, et d'exécuter le montage de celui-ci Il n'y a pas de réglage à faire, puisque les trous percés au préalable dans le manchon et dans les tubes se correspondent par construction. Par mesure de prudence, la liaison du stabilisateur à la cloche est généralement double.

Cette liaison ne présente aucune difficulté; il suffit de réunir convenablement les tendeurs et de les régler de telle façon que la cloche soit dans une position bien verticale lorsque les ailerons B et B' sont dans le plan exact de la partie fixe A.

Réglage de l'incidence du stabilisateur. — Ce réglage ne peut se faire qu'après l'expérience d'un premier vol. Pendant ce vol, on remarque s'il est nécessaire de l'augmenter ou de la diminuer, et de rendre le plan fixe plus ou moins porteur. Ce réglage se fait au moyen de la crémaillère C.

Montage du gouvernail de direction. — Le montage de cet organe est des plus faciles. Il suffit de placer son axe dans les deux colliers fixés au niveau des longerons supérieurs et inférieurs du fuselage, et de vérifier ensuite que les fils F et F' sont tendus sans excès, et que le gouvernail étant dans l'axe longitudinal de l'appareil, le palonnier de commande par les pieds est bien perpendiculaire à ce même axe; éviter tout flottement dans la commande.

CHAPITRE XIII

MONTAGE ET RÉGLAGE D'UN BIPLAN

77. — Description d'un biplan.

Nous prendrons pour exemple de biplan le
« Henry Farman ».

Le biplan « H. Farman » se compose essentiellement d'une cellule principale à plans inégaux, réunie
à une queue monoplane par une poutre triangulaire
de grande section. Au milieu de la cellule principale, sur le plan inférieur, est un fuselage qui contient à l'avant le pilote et à l'arrière le moteur et
l'hélice qui tourne derrière les plans principaux. Il
n'y a pas d'équilibreur à l'avant; le gouvernail de
profondeur est constitué par deux volets placés
dans le prolongement de la queue. Le gouvernail
de direction est monoplan. La stabilisation latérale
est assurée par des ailerons.

Cellule. — Les plans principaux ont 2 mètres de
profondeur; le plan inférieur a 10 mètres d'envergure, le plan supérieur a 15 mètres, les deux extrémités qui débordent de 2^{m}50 sur le plan inférieur
peuvent être rabattues dans le plan vertical, en

sorte que la cellule n'ait plus que 10 mètres d'envergure.

La membrure des ailes est constituée par deux longerons principaux : l'un à l'avant, servant en même temps de bord d'attaque, l'autre à 0 m. 25 de l'arrière de l'aile. Ces deux longerons sont en bois creux. Le bord de sortie de l'aile est constitué par un fil de fer. Les ailes sont entoilées sur leurs deux faces. L'empennage et le gouvernail ont une membrure analogue à celle des ailes.

Les montants de la cellule sont en bois creux. Le croisillonnage est en fils d'acier de 2,5 et 3 millimètres.

Poutre de réunion. — Elle est triangulaire, constituée par deux cadres verticaux ayant des longerons en tubes d'acier et des montants en bois creux.

Train d'atterrissage. — C'est le châssis « Farman », décrit au paragraphe spécial. Les jambes de forces sont en tubes d'acier ovales. Les patins sont en bois cintré.

Fuselage. — Le fuselage, dans lequel sont le moteur et les passagers, est en bois à l'arrière, en tubes d'acier à l'avant.

Tout l'appareil est réglé une fois pour toutes à l'usine. Pour le démontage, on ne touche pas aux tendeurs. On se contente de défaire les « sauterelles » intercalées sur les haubans qui doivent être démontés. Ces sauterelles sont des mousquetons dont la fermeture automatique est assurée par un manchon, maintenu en place par un ressort à boudin intérieur. Pour défaire la sauterelle, on tire le manchon en arrière et on soulève le levier.

Commandes. — Les commandes se font par un levier qui, d'avant en arrière, commande la profondeur et latéralement les ailerons.

Le gouvernail de direction est commandé au pied.

78. — Transport de l'appareil.

Démonté et placé sur les prolonges, il comprend six colis :

1° La cellule principale, à laquelle on laisse ordinairement le train d'atterrissage.

2° Le fuselage avec le moteur et l'hélice ;

3° La poutre de réunion ;

4° L'empennage arrière ;

5° Le gouvernail de direction ;

6° Les roues du train d'atterrissage.

Pour le transport, les extrémités des plans sur la prolonge étant rabattues, la cellule est chargée sur la prolonge. On place verticalement contre les parois de la voiture les deux cadres constituant la poutre de réunion, fixés, au moyen d'attaches, dans des gouttières feutrées. Le fuselage avec moteur et hélice est alors placé sur le plancher de la voiture. Quelquefois on le laisse attenant à la cellule. Cela a l'inconvénient de l'alourdir beaucoup et d'en rendre les manipulations beaucoup plus difficiles.

L'empennage arrière et le gouvernail sont fixés aux parois de la voiture ou placés sur les surfaces portantes.

80. — Montage.

Il est des plus simples. Après avoir retiré la cellule et l'avoir placée sur le sol, on fixe le fuselage, au moyen de boulons, à des ferrures attachées sur les longerons de l'aile inférieure.

On relève les deux extrémités du plan supérieur en les faisant tourner autour des charnières qui les

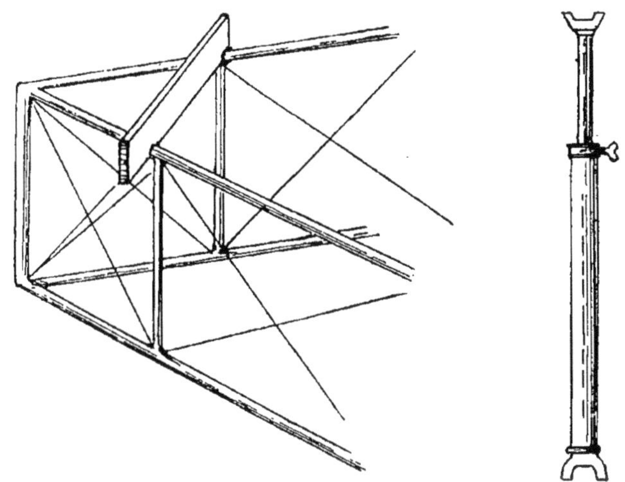

Fig. 80. — Pige et gabarit pour le réglage.

relient au reste de la cellule. On met en place les haubans de fixation au moyen des sauterelles.

On place alors la poutre de réunion. A cet effet, les extrémités des tubes longerons sont munies de ferrures qui viennent se boulonner sur d'autres ferrures fixées aux longerons arrière des plans. Il suffit de replacer les haubans au moyen des sauterelles.

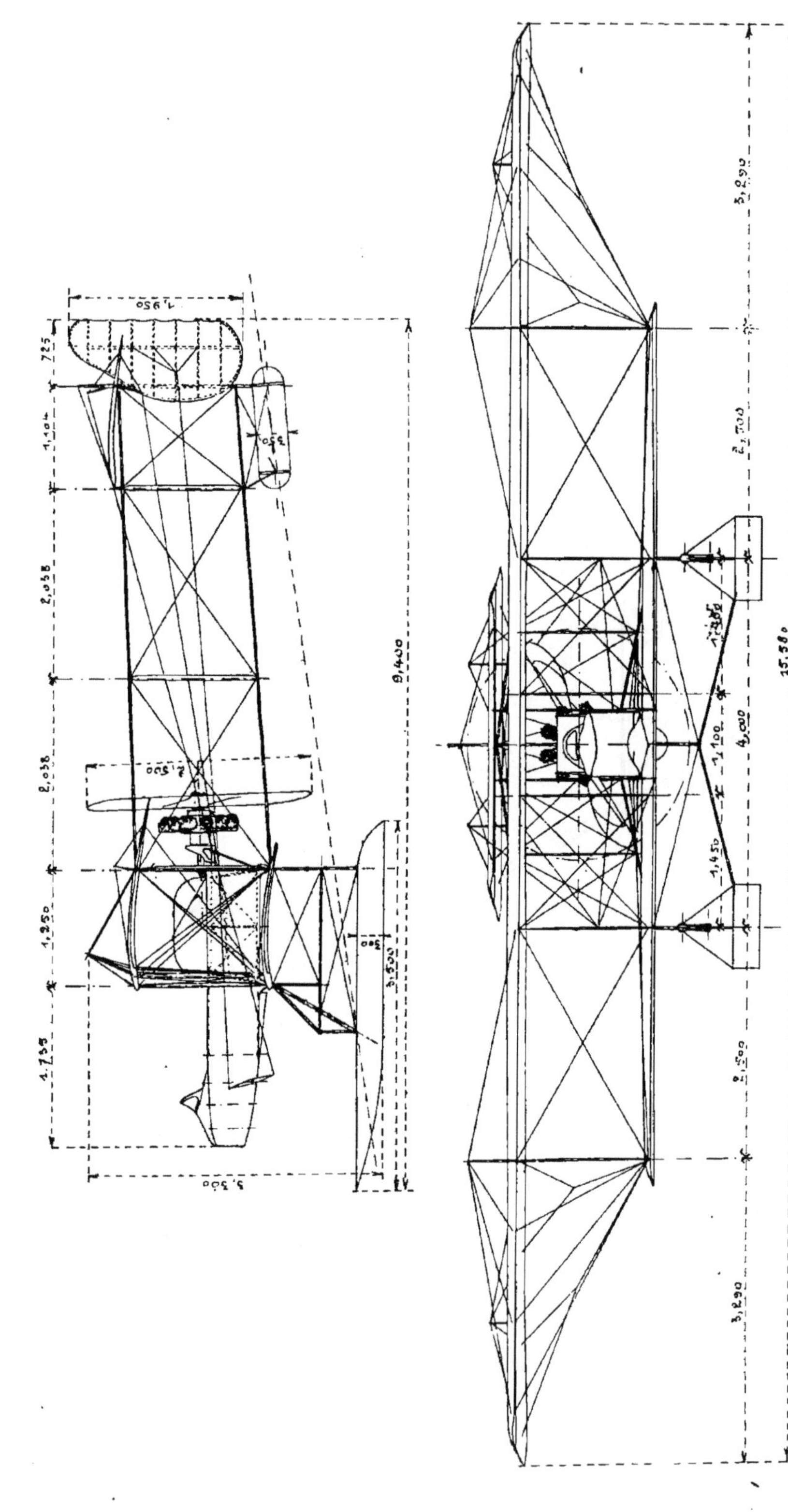

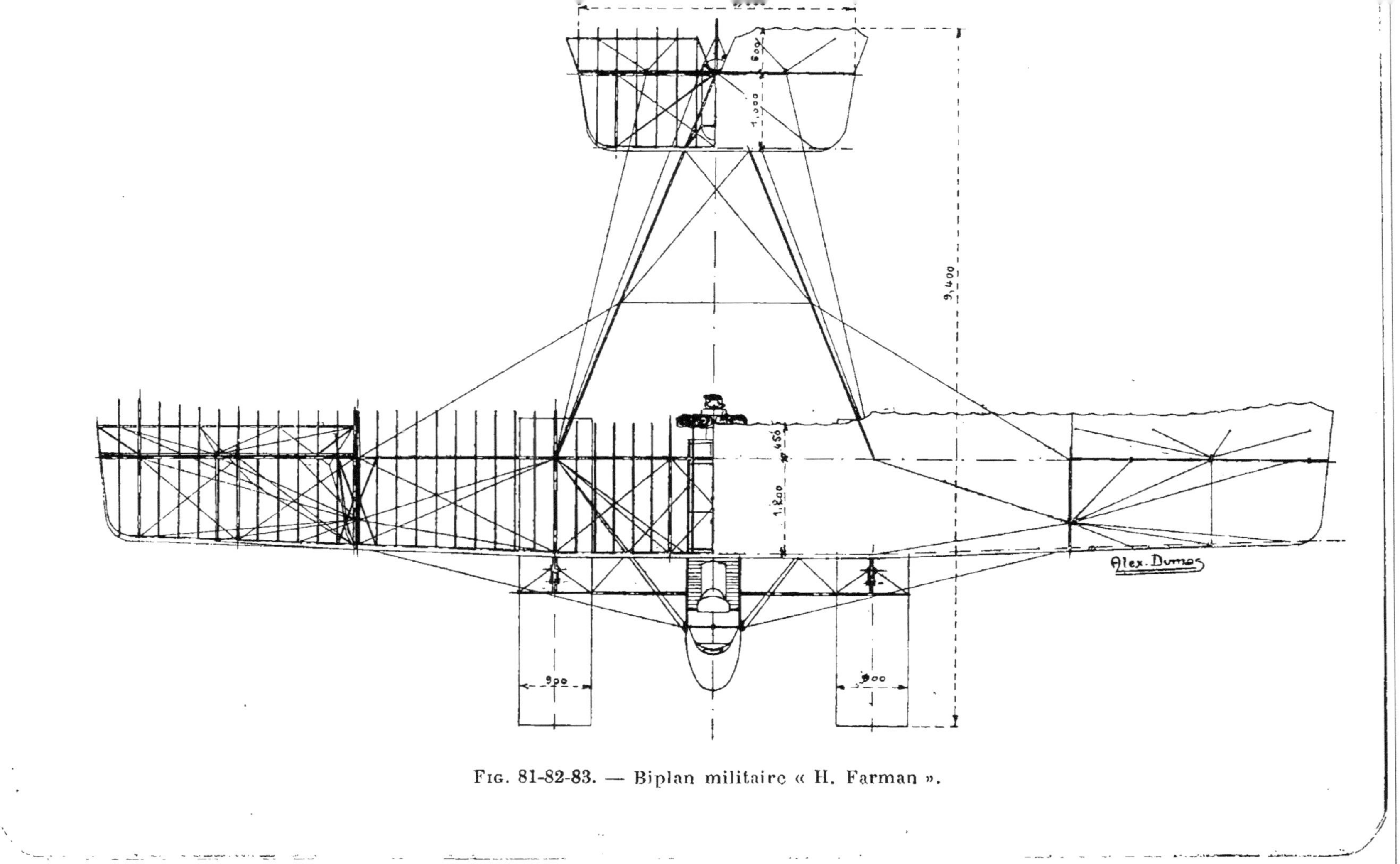

Fig. 81-82-83. — Biplan militaire « H. Farman ».

Les fils de commandes sont replacés également au moyen de sauterelles.

La poutre étant ainsi fixée à la cellule, on réunit ses extrémités arrière sur une tige verticale qui est l'axe du gouvernail de direction. Pour cela, des ferrures plates terminant les tubes longerons viennent se boulonner sur un collier fixé à l'axe vertical. Les haubans sont enfin replacés au moyen des sauterelles.

Le plan d'empennage est boulonné à l'arrière sur les longerons, et à l'avant sur deux tiges prolongeant les montants verticaux au-dessus du longeron supérieur.

80. — Réglage.

Ainsi remonté, il n'y a pas de réglage à faire.

Il est des cas, cependant, où il faut y procéder, par exemple après de grosses réparations. Ce travail, très difficile pour les biplans, est généralement confié à des ouvriers spéciaux.

La façon la plus simple de procéder consiste à donner à chaque hauban la longueur qu'il doit avoir d'après le tracé de l'épure, en agissant sur les tendeurs. On se sert, pour la vérification, de gabarits ou *piges*, constitués par une tige d'acier coulissant dans un tube Un collier, placé à l'entrée du tube et muni d'une vis, permet d'immobiliser la tige d'acier et de donner à la pige la longueur convenable. On se sert également de gabarits de bois avec des encoches à la distance voulue (fig. 80).

Le réglage une fois achevé, il ne doit pas y avoir de bosse sur les longerons ou les montants entre deux assemblages.

Pour le réglage des commandes, on procéderait comme pour le monoplan, en immobilisant les leviers dans leur position moyenne et en réglant la longueur des commandes d'après cette position.

CHAPITRE XIV

RÉPARATIONS

81. — Réparations aux appareils.

C'est le plus souvent à l'atterrissage que les appareils sont endommagés. Certaines petites réparations, telles que remplacement d'un hauban en corde à piano, réparation aux pneumatiques, sont très fréquentes et entrent pour ainsi dire dans l'entretien de l'appareil.

Parmi les accidents plus importants, les ruptures du châssis d'atterrissage sont les plus fréquents. Aussi, les appareils sont généralement accompagnés d'un châssis complet de rechange. Il suffit alors de démonter les pièces cassées et de les remplacer par des neuves.

Il faut bien prendre soin, s'il s'agit d'un monoplan, de procéder ensuite à une vérification, et, s'il y a lieu, à un réglage des haubans, parmi lesquels ceux d'avant au moins sont généralement fixés au châssis d'atterrissage.

Après le train de roulement, ce sont les ailes qui se cassent le plus souvent, soit qu'elles tou-

chent la terre dans un atterrissage trop incliné,
soit qu'elles rencontrent un obstacle en roulant
sur le sol. Ce genre d'accident est surtout fréquent avec les monoplans ; ils sont généralement
accompagnés d'une paire d'ailes de rechange.

Habituellement, tout longeron cassé est remplacé
complètement. Parfois cependant, on peut avoir
besoin de les réparer sur place. On procède alors
comme il est dit plus loin pour la réparation des
pièces de bois.

De même pour les ruptures de fuselage, qui
sont d'ailleurs beaucoup plus rares.

82. — Mise en place d'un hauban en corde à piano.

Les outils nécessaires sont une pince ronde, une
pince plate et une pince coupante. On coupe un
morceau de corde à piano de 20 ou 30 centimètres
plus long que le hauban à remplacer ; on dévisse
à fond le système tenseur (tendeur ordinaire,
étrier, etc.) qui sert à régler le hauban. On replie
sur lui-même, avec la pince ronde, une des extrémités du morceau de fil d'acier, et on enfile par
l'autre bout les deux coulants de cuivre qui servi-
ront à faire les attaches (fig. 84-85-86-87). On met
en place le bout replié, et on présente l'autre
extrémité au second point de fixation ; on voit à
quel endroit doit être faite la seconde boucle. On
replie alors le fil sur lui-même comme précédem-
ment, et on fait glisser les coulants sur les fils à

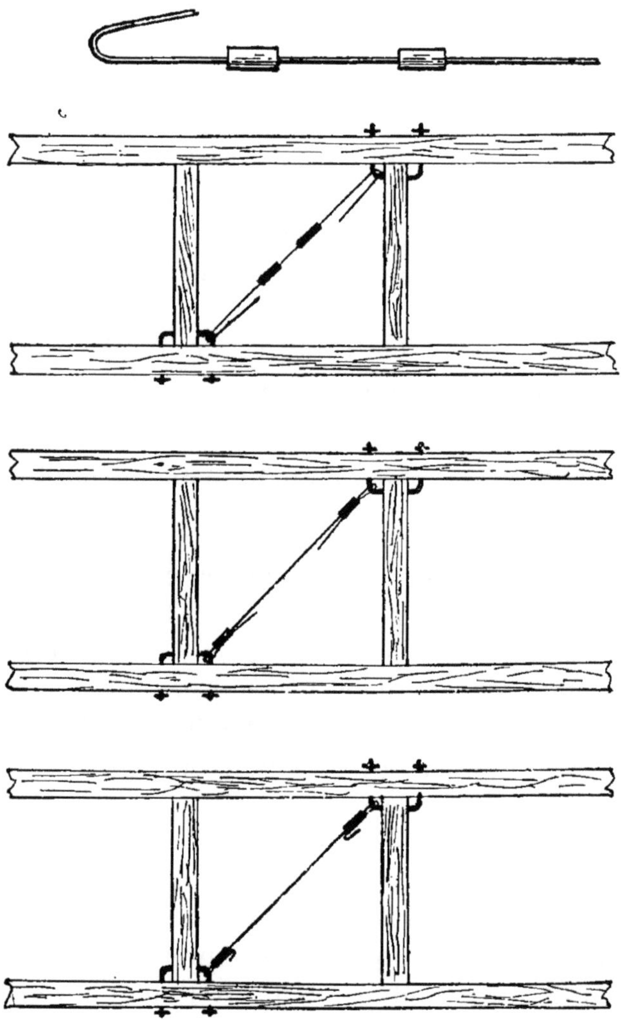

Fig. 84-85-86-87. — Mise en place d'un hauban en
corde à piano.

chaque extrémité On les replie une dernière fois et on les coupe. Prendre garde, en coupant la corde à piano, que le morceau de fil qui doit tomber soit au-dessous de la pince, les morceaux sont lancés parfois très loin, et fréquemment des ouvriers sont blessés ainsi, aux yeux ou au visage.

Il reste alors à régler la tension du hauban au moyen du tendeur.

Si le tendeur à vis est intercalé sur le hauban, on procède de la même façon. Il y a quatre œils au lieu de deux à faire.

83. — Mise en place d'un hauban en câble.

S'il s'agit de câble d'acier, on le serre dans une attache-fils (fig. 88-89) ou on fait une épissure ; le tout est généralement soudé. Proscrire l'emploi de

Fig. 88-89. — Attache-fils.

la lampe à souder, qui brûle le métal, et employer le fer à souder avec la résine, au lieu de l'esprit de sel, comme décapant.

84. — Réparation d'une pièce de bois.

Le mieux est de la changer complètement. C'est ce qu'on fait toujours quand la pièce est courte et

que cela exige peu de démontage, C'est le cas des
montants, des traverses, des pièces du train d'atterrissage. Quand le remplacement intégral de la
pièce demande un long démontage, tel qu'un lon-

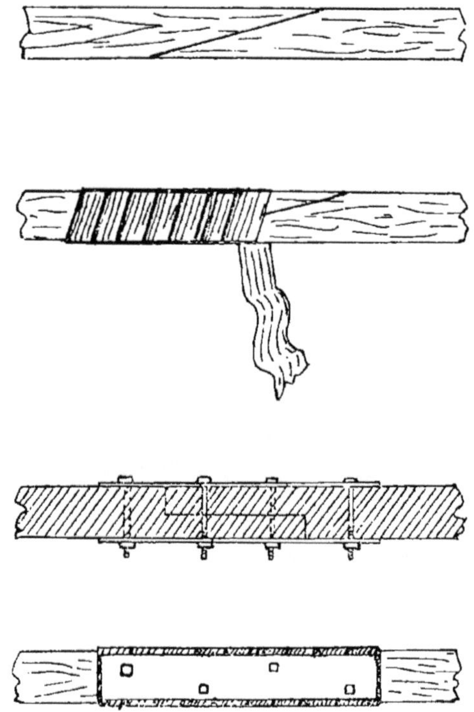

Fig. 90-91-92-93. — Réparation d'une pièce de bois cassée.

geron de fuselage, on la répare avec une pièce collée. Pour les longerons de fuselage, la pièce et les
longerons sont coupés en sifflet et collés avec de
la colle bien chaude (fig. 90). On maintient .les

pièces avec des presses jusqu'à ce que la colle ait pris. On consolide ensuite le collage par un bandage de toile collée, enroulé autour de l'assemblage (fig. 91).

Pour les longerons d'aile, les assemblages se font à mi-bois (fig. 92-93) ; ils sont également collés et entoilés. On y ajoute généralement trois ou quatre petit boulons de 4 ou 5 millimètres, placés en quinconce, entre lesquels on serre quelquefois deux plaques de tôle. Un longeron d'aile bien réparé a la même solidité que neuf.

Les nervures avariées sont remplacées.

Une aile endommagée doit toujours être détoilée complètement et visitée avec le plus grand soin.

85. — Réparation d'une partie métallique.

Les tubes ne doivent jamais être redressés, mais changés dans toute leur longueur.

Les haubans en lame d'acier, pliés ou froissés, doivent être changés, de même ceux en corde à piano quand ils ont été coudés.

86. — Réparations aux toiles.

Pour réparer un accroc, on a recours au point de rapprochement, ou reprise à points lacés, ou encore points d'ici de là (1).

Il permet d'amener au contact les deux bords

(1) D'après le *Manuel de l'Aérostier militaire* du capitaine Do (Librairie Aéronautique, 40, rue de Seine, Paris).

d'une fente, sans plisser la surface avoisinante de l'étoffe.

Après avoir muni l'aiguille d'un bout de fil de soie d'environ 50 centimètres de longueur, nouer l'un des brins, l'autre brin étant moins long que le précédent.

Maintenir l'aiguille et l'étoffe ; coudre de gauche à droite, c'est-à-dire en venant sur la main qui coud ; passer l'aiguille dans la fente ; la ressortir en dessus, à 2 millimètres environ de distance et dans le prolongement de l'entaille (fig. 94).

L'ensemble de ces trois premiers points forme une partie d'étoile à trois branches *a*, *b*, *c* (fig. 94).

Continuer ensuite la couture, en passant toujours l'aiguille dans la fente, et en la sortant alternativement en dessus et en dessous de l'entaille.

Arrivé au bout de la couture, former les trois derniers points en étoile, comme on l'a fait avec les trois premiers ; la couture terminée ne doit présenter à l'œil ni commencement ni fin.

Quand la couture est terminée, on colle pardessus une pièce. S'il s'agit de toiles caoutchoutées, le collage se fait à la dissolution. Après avoir largement lavé les surfaces à l'essence, on les enduit de dissolution et on laisse sécher un moment, en évitant que la pièce ne se roule sur elle-même. Après quoi on les applique l'une sur l'autre comme pour réparer un pneumatique. S'il s'agit de toile recouverte d'enduit au collodion, l'enduit sert lui-même de colle. On en barbouille la surface et la pièce, on laisse évaporer quelques instants et on applique la pièce.

Quelquefois on coud en outre la pièce par un

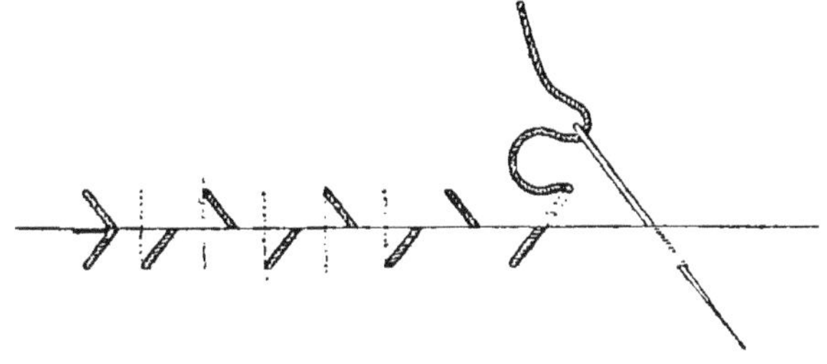

Fig. 94. — Point de rapprochement.

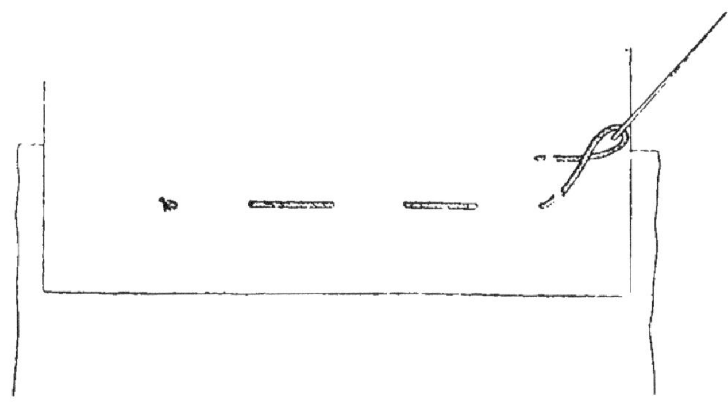

Fig. 95. — Point de faufilage.

point de faufilage (fig. 95) fait avec une aiguille courbe, parce que l'aile étant entoilée sur ses deux faces, on n'a accès que d'un seul côté de la toile qu'on coud.

87. — Réparations aux pneumatiques.

Les pneumatiques des roues d'aéroplanes sont des pneus à tringles analogues à ceux des roues de bicyclettes. Ils se réparent de la même façon :

Les *perforations de la chambre à air* se réparent avec une pièce de caoutchouc. Pour cela, après avoir nettoyé la pièce et la chambre à l'endroit où la pièce doit être posée avec de l'essence ou du papier verré, on enduit les deux parties qui doivent venir en contact, de dissolution, et on laisse sécher un moment. On place alors la pièce sur le trou et on peut remonter la chambre.

Les *réparations à l'enveloppe* se font au moyen de toile collante spéciale ou de forte toile enduite de dissolution ; si la toile de l'enveloppe est attaquée, on procède comme pour les chambres, après nettoyage préalable.

Les détériorations qui n'intéressent que la gomme de l'enveloppe peuvent être bouchées à l'aide d'un *ciment* spécial.

Bien prendre soin, pendant le montage et le démontage, de ne pas pincer la chambre à air.

On cherche les fuites de la chambre à air en plaçant la chambre démontée et regonflée dans un récipient plein d'eau. On aperçoit une série de bulles sortant de la perforation.

88. — Soins à donner aux appareils.

On doit, autant que possible, leur éviter la

pluie, la neige et les rosées nocturnes, en les abritant ou en les recouvrant d'une bâche très légère. L'humidité amène, en effet, la déformation des parties en bois et la rouille de celles en fer. Le bois doit toujours être recouvert d'une forte couche de vernis et le métal d'une couche de peinture.

Les pneumatiques doivent toujours être bien gonflés. Il est bon de soulager les amortisseurs et les pneus pendant la nuit ou pendant les repos prolongés, en faisant directement reposer le corps de l'appareil sur des tréteaux ou des cales.

Les toiles doivent être entretenues en y passant de temps en temps une couche d'enduit ; on vérifiera également chaque jour si elles ne se détachent pas en quelque point.

Le moteur doit être soigneusement graissé.

Dans les moteurs où l'huile utilisée est remise automatiquement en circulation, elle devra être vidée complètement et remplacée par de l'huile propre au bout d'un certain temps.

L'eau des radiateurs devra être vidée quand il fait froid, car le gel ferait éclater les radiateurs.

Les conduites d'essence devront avoir une partie souple en caoutchouc *durite* ou un enroulement en spirale, pour que les trépidations ne fassent pas rompre le tube.

L'essence devra être conservée dans des bidons bien propres. Ne jamais alimenter le réservoir avec de l'essence, même propre en apparence, ayant servi à un autre usage.

L'essence doit toujours être versée au moyen d'un entonnoir muni d'un tamis très fin, destiné à retenir les corps étrangers. L'entonnoir doit être entreposé dans des endroits propres et non jeté n'importe où comme on le fait généralement.

Souvent les trépidations du moteur font détacher des gouttes de soudure des réservoirs neufs. Les déchets d'étain tombent au fond du réservoir et peuvent provoquer une panne d'essence.

Cet accident étant assez fréquent, il est bon de vérifier, après quelque temps de service, si le réservoir ne renferme pas de corps étrangers. Il suffit de le secouer à vide, les gouttes d'étain font grelot à l'intérieur.

Ces soins ne doivent pas être négligés; l'aide pilote doit toujours avoir à l'esprit que la vie d'un homme en dépend et est à la merci de la moindre négligence.

ANNEXES

ORGANISATION DE L'AVIATION MILITAIRE

1. — Escadrilles.

Le personnel et le matériel d'aviation sont groupés en un certain nombre d'unités appelées *escadrilles*.

Une escadrille comporte en première ligne, c'est-à-dire sur le lieu de combat :

6 aéroplanes de même type ;

6 tracteurs automobiles ;

6 remorques ;

1 automobile rapide.

En seconde ligne, c'est-à-dire avec les services de l'arrière :

6 camions automobiles ;

6 remorques ;

1 camion atelier.

Les véhicules de première ligne sont destinés à transporter sur route ou en campagne les aviateurs avec leurs engins, ainsi que tout le matériel de campement, de secours ou d'entretien et les équipes d'hommes nécessaires.

Les véhicules de seconde ligne assurent le transport d'approvisionnements, de moteurs complets de rechange, d'appareils complets emballés en caisses, de matériel de réparation avec outillage, jusques et y compris les machines-outils nécessaires, tout installées, avec la force motrice assurant leur fonctionnement.

2. — Breaks de première ligne.

Ils transportent huit hommes, 800 kilos de matériel et traînent la remorque. Sur le siège avant prennent place le conducteur et un homme; derrière le siège est un vaste coffre de 1 mètre de large, renfermant dix bidons d'essence et des pièces de rechange réparties dans un compartimentage. Sur ce coffre se place la tente-abri d'un aéroplane, pesant 200 kilos. Derrière le coffre, à l'arrière du break, sont deux banquettes à trois places, sous lesquelles sont de vastes coffres, renfermant des outils, les sacs et les petits piquets de la tente, une boîte de secours, etc.

De chaque côté de la caisse de la voiture, de larges plats-bords permettent de disposer d'un côté une hélice emballée en caisse et les grands piquets de la tente, de l'autre un train d'atterrissage complet emballé en caisse, une gouttière et deux brancards repliés pour le transport éventuel des blessés. Le tout est recouvert d'une capote dont les compas sont aménagés pour en permettre le reploiement sur le siège avant.

Camion-tracteur de première ligne transportant
les hommes et le matériel.

Camion porteur d'ailes.
Manœuvre pour descendre le toit.

On peut transformer le break en voiture d'ambulance, au moyen de supports en fer à U, qu'on dispose au-dessus de la voiture, et sur lesquels peuvent être placés deux brancards avec leurs blessés ; les blessés peuvent être chargés sans le moindre heurt et en quelques secondes, grâce à un dispositif de rail longitudinal sur lequel roule un galet de suspension. Ainsi les porteurs n'ont pas à monter dans la voiture pour hisser le brancard ni à l'élever au-dessus de leur tête, ce qui produit toujours pour le blessé des secousses douloureuses.

Le break est muni à l'arrière d'un crochet d'attelage pour la remorque ; ce crochet transmet l'effort par l'intermédiaire d'un ressort qui amortit les à-coups et les cahots.

3. — **Remorques de première ligne**.

Elles sont très légères, démontables complètement, sans le secours d'aucun outil, en morceaux faciles à loger et qui peuvent être portés par un seul homme. Elles se composent essentiellement d'un plancher reposant, par l'intermédiaire de ressorts, sur deux roues munies de pneumatiques. Elles sont couvertes d'une bâche formant la toiture et les côtés latéraux du véhicule. La bâche est soutenue par des cerceaux en bois cintré, formés de plusieurs lames de bois collées ensemble et entoilées ; ils sont maintenus par le poids de la bâche qui est, d'ailleurs, attachée par le bas tout autour de la remorque.

Il y a deux modèles de remorques, un pour biplan, un pour monoplan. Ils suffisent pour le transport de tous les types d'aéroplanes. Les remorques sont, en effet, munies de chevalets fixés aux traverses du plancher, qui peuvent recevoir tous les trains d'atterrissage grâce à des taquets de bois interchangeables qui modifient leur forme. De même, des gouttières feutrées, avec pièces de calage, cadre des ailes et courroies pour tous les types d'ailes permettent de charger indistinctement n'importe quel appareil.

4. — Voiture du chef d'escadrille.

Il faut ajouter à ces voitures de première ligne une automobile rapide avec une carrosserie double phaéton pour le chef d'escadrille.

Il n'y en a qu'une par escadrille.

5. — Camions de seconde ligne.

Il y a deux types différents :

Le premier est un véhicule à très grande capacité, avec une plate-forme de 4 m. 50 de long, ridelles de 1 m. 20, le tout entièrement bâché sur des cerceaux à 2 m. 70 de haut, et pouvant porter 3.000 kilos. Les ailes y sont placées verticalement contre les côtés latéraux. Cette disposition présente l'inconvénient que les ailes risquent de recevoir des coups et d'être crevées pendant le chargement du matériel.

Dans le deuxième type, les ailes d'aéroplane sont absolument soustraites aux chocs ; elles sont abritées dans une grande carcasse posée à plat et formant le toit du camion.

Mais à cause de la fragilité des ailes d'aéroplane, il ne fallait pas songer à les charger dans la caisse en les élevant au-dessus du camion. Aussi la caisse est-elle montée sur des rails transversaux, son déplacement latéral est commandé par chaînes au moyen de la manœuvre d'une manivelle à hauteur d'homme. Cette grande caisse, de 4 m. 50 de long se déporte donc latéralement, puis se déverse sur un flanc du camion. Il suffit d'enlever la bâche qui la recouvre, pour dégager ou caler, dans les traverses feutrées qui les maintiennent, les ailes ainsi transportées.

Ce camion est, en outre, aménagé pour recevoir une remorque légère de première ligne entièrement démontée, et qui est arrimée sur deux platsbords de chaque côté de la voiture. Les différentes pièces viennent se loger dans des gouttières de forme convenable, sur lesquelles elles sont maintenues par des courroies.

Enfin, sur la plate-forme du camion, on peut transporter 1.500 à 2.000 kilos de matériel, dont l'essence et l'huile constituent la majeure partie.

Les camions des deux types sont munis à l'arrière de forts crochets d'attelage pour les remorques lourdes suivantes.

6. — Remorques de seconde ligne.

Les *remorques* sont destinées au transport d'aéroplanes en caisses, dont les longueurs sont très variables ; elles atteignent jusqu'à 12 mètres.

Les chariots-remorques reposent sur quatre roues. Leur longueur est réglable à volonté de 6 à 9 mètres. A cet effet, les longerons sont constitués par deux fers à U solidaires du train de roues arrière. Sur ces fers à U viennent se boulonner deux longerons de bois solidaires du train de roues avant. Ces longerons de bois peuvent être enfoncés et boulonnés plus ou moins profondément entre les fers à U. On a ainsi un chariot télescopique. Il peut-être indifféremment traîné par des chevaux ou attelé en remorque derrière un camion.

7. — Voiture-atelier.

L'outillage de réparations et les machines-outils sont aménagés dans une voiture-atelier dans laquelle on peut travailler, et qui constitue une petite usine complète d'aéroplanes. Il y a un tour, une perceuse, une scie à ruban, un étau-limeur, une machine à affûter, le tout commandé par transmission électrique, deux établis, l'un pour menuisier, l'autre avec étau d'ajusteur, formant armoire pour contenir les outils. Une forge portative avec son enclume et un établi mobile d'ajusteur complètent encore cet atelier, dans lequel une dizaine d'hommes peuvent travailler à la fois.

La voiture en ordre de route.

La voiture à l'étape.

VOITURE-ATELIER DELAHAYE

La carrosserie est une vaste caisse fermée, dont
les dimensions n'ont été limitées que par la nécessité de passer au gabarit des chemins de fer. C'est
pourquoi elle affecte une forme arrondie à la partie
supérieure. Cependant la place eût été encore trop
restreinte pour loger les machines et permettre aux
hommes d'y travailler aisément. On a tourné la
difficulté de la façon suivante : Les panneaux latéraux et arrière s'ouvrent à charnière en deux volets. Les volets inférieurs s'abattent sur des pieds,
pour former, d'une part, l'élargissement du plancher ; les volets supérieurs, maintenus vers le haut,
forment, d'autre part, la toiture nécessaire. Des
bâches se déroulent pour clore au besoin l'espace
ainsi agrandi.

La voiture-atelier repose sur un châssis spécial,
dont le mécanisme de changement de vitesse permet, par la manœuvre du levier de changement
de vitesse, la commande d'une dynamo génératrice et d'un cabestan placés sous la voiture. La
dynamo fournit la force motrice nécessaire aux
machines-outils et l'éclairage électrique à l'intérieur de la voiture. Le cabestan placé à l'arrière de
la voiture permet de haler un camion enlisé dans
un champ ou un mauvais chemin.

Enfin, le camion-atelier est également muni
d'un crochet d'attelage et peut, en outre du matériel qu'il contient, remorquer un chariot transportant plusieurs tonnes de matières premières,
bois ou fer.

TOPOGRAPHIE ET LECTURE DE LA CARTE

Quelques connaissances de topographie peuvent être utiles au sapeur-aviateur qui pourrait avoir à accompagner son chef au cours d'un vol, ou à se porter à son secours en un point de la campagne où un accident aurait obligé l'aviateur à descendre.

La carte de l'état-major français est à l'échelle de 1/80.000ᵉ. A cette échelle, 1 centimètre sur la carte représente donc 800 mètres sur le terrain. 1 kilomètre sur le terrain est représenté par 12 mm. 5 sur la carte.

Signes conventionnels. — Abréviations. — Les accidents du terrain, les rivières, ainsi que les différentes choses qu'on trouve à la surface du sol : bois, étangs, routes, maisons, etc., sont représentés sur la carte par des signes conventionnels. Les plaines dépourvues d'arbres sont en blanc, les montagnes et les collines sont figurées par des hachures dans le sens de la pente. Ces hachures sont d'autant plus serrées que la pente est plus raide. Des cotes, placées aux points principaux et

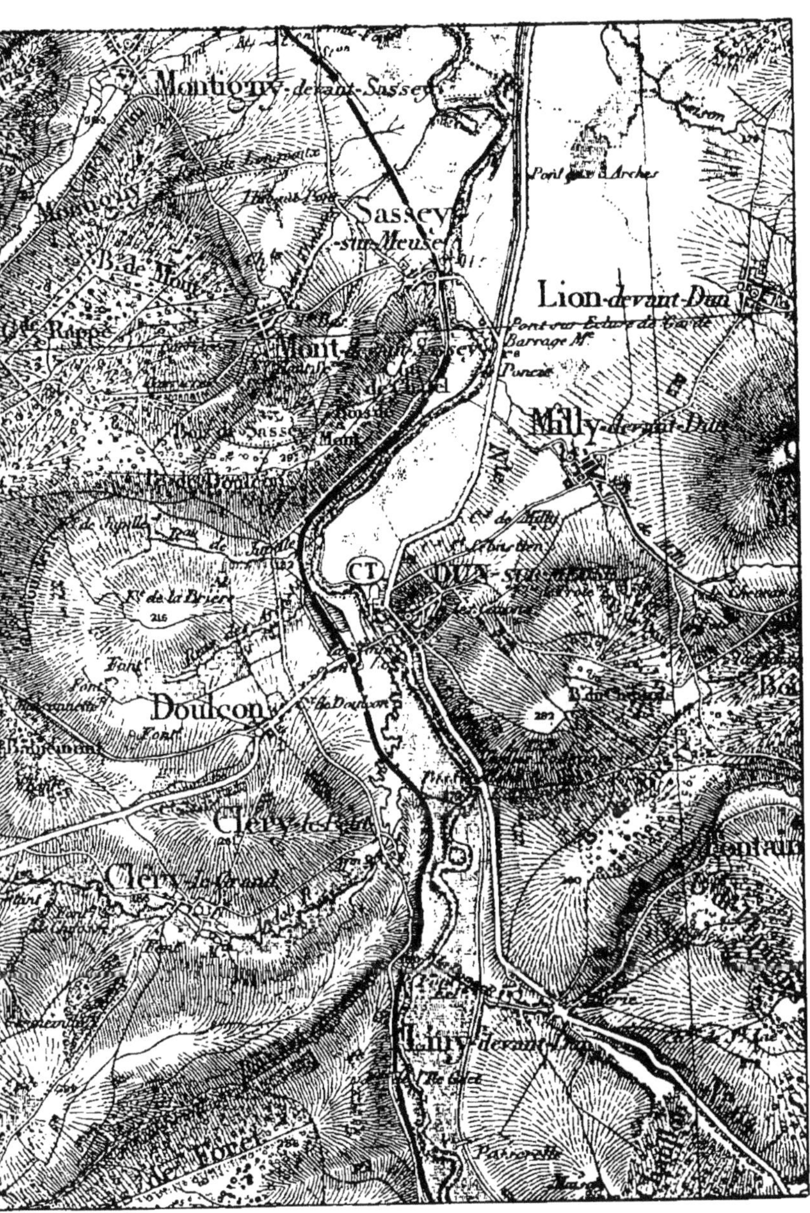

Spécimen de la carte au 1/80.000°.

Signes Administratifs.

Routes

Route Nationale.

Route Départementale.

Route encaissée, en chaussée.

Ch.ⁱⁿ carrossable en tout temps.
(régulièrement entretenu.)

Ch.ⁱⁿ non carrossable en tout temps.
(irrégulièrement entretenu.)

Chemin en sol naturel
et Chemin muletier.

Sentier pour piétons

Laie forestière.

Vestiges d'ancienne Voie.

Limite d'Etat.

Limite de Département.

Limite d'Arrondissement.

Limite de Canton.

Limite de Commune.

PRÉFECTURE PF

SOUS-PRÉFECT. SP

CANTON ________ CT

Commune ________

Clôtures

Clôtures en pierre. ________

Clôtures en fossés ________

Clôtures en levée de terre.

Clôtures en haie. ________

Rangée d'arbres isolés. ......

Eglise, Clocher ____________

Phare, Feu de Port ____________ o

Chapelle ou Ermitage ____________

Oratoire, Tombeau important.

Calvaire, Croix ____________

Tombe, Vierge ____________

Cimetière ____________

Château, Manoir ____________

Ferme ____________

Maison ou ____________

Construction isolée ____________

Balise, Cheminée ____________

Monument, Tour ____________

Moulin à vent ____________

Moulin à eau ____________

Forge, Usine ____________

(à moteur hydraulique) ____________

Manufacture, Usine ____________

(à moteur non hydraulique) ____________

Télégraphe, Sémaphore ____________

Grotte, Carrière souterraine ____________

Fosse, Puits de Mine ____________

Entrée de Galerie ____________

Four à Chaux, à Plâtre ____________

Fontaine, Puits, Source ____________

Ruines ____________

Points Géodésiques.

Clocher, Eglise, Phare ____________ ⊙125

Chapelle ____________ 236

Signal et autres Objets ____________ 572.

Point Coté ____________ 110

Nota.

Les Chiffres qui accompagnent les Signes ci-dessus expriment, en Mètres, la hauteur du sol au-dessus du niveau de la Mer (Hauteur des Chiffres, 0,0008)

Hydrographie

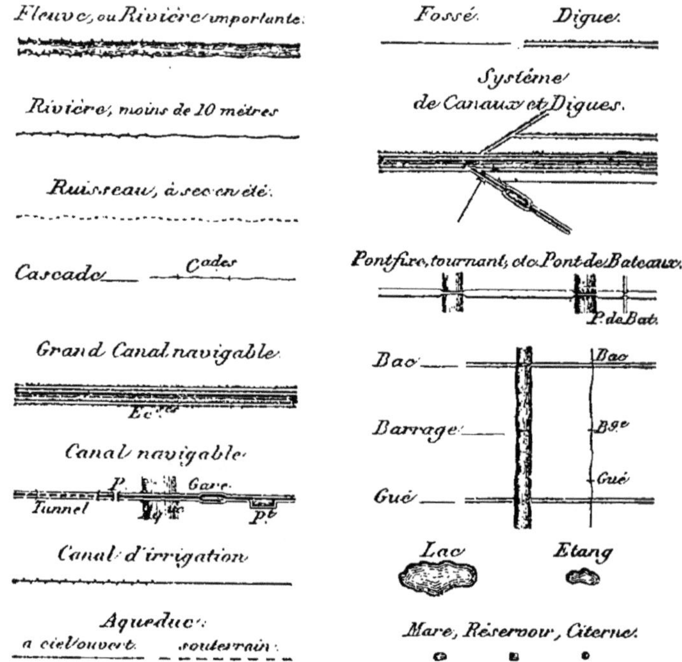

Chemins de Fer.

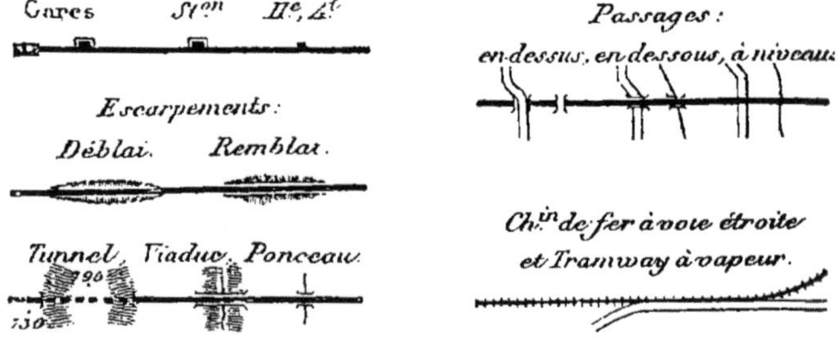

Ville Fortifiée.

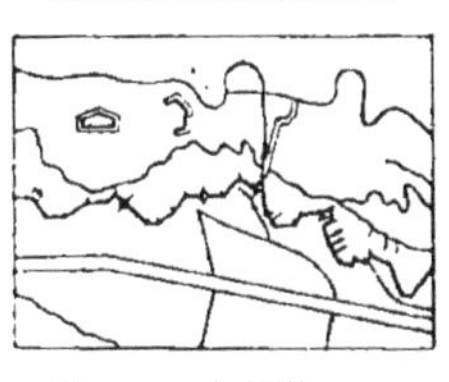

Ville Fermée
et Anc.ⁿ Fort.

Bois.

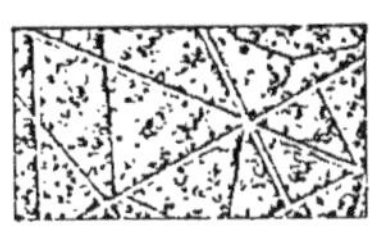

Marais.

Broussailles.

Marais Salants.

Vignes.

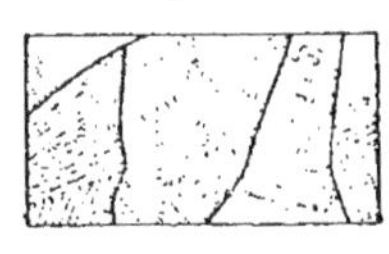

Bruyères et Landes,
Falaises.

Fort nouveau, Bat.^{ie} et
Retranchements.

Prés.

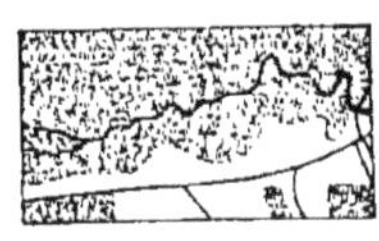

Dunes et Sables.

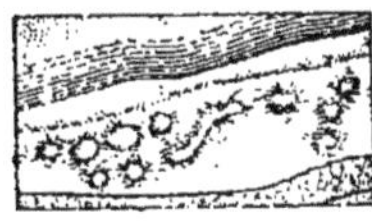

Vergers

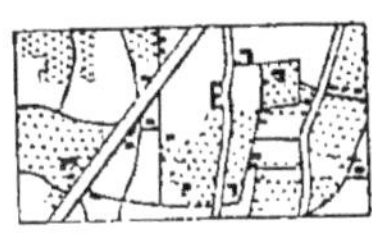

Bourg ou Village.

Haies et Jardins.

Rochers Plats
dans la Mer.

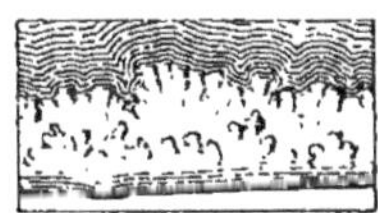

Ville Ouverte.

Tourbières.

Montagnes

en particulier sur les sommets, permettent d'apprécier plus exactement les différences d'altitude. Les arbres sont représentés par de petits points ronds, etc. (Voir la liste.)

Emploi de la carte. — Ce n'est que par la pratique qu'on apprend à se servir de la carte. Pour cela, la meilleure façon de procéder consiste à se procurer la feuille contenant le pays où l'on habite, et, en se promenant dans les endroits que l'on connaît bien, on tâche de les retrouver sur la carte. On se familiarise ainsi avec les signes, on se rend compte de ce qu'ils représentent et de quelle façon ils le représentent.

Quand on est un peu plus habile, on étudie attentivement sur la carte des promenades à faire, autant que possible dans des régions qu'on connaît peu. On s'y rend et on tâche de s'y diriger par le seul secours de la carte, en cherchant à se rendre compte de tous les signes figurés : montées, descentes, angles des chemins, bouquets d'arbres, altitude à laquelle on se trouve, etc.

Par la répétition de ces exercices, on acquiert la pratique nécessaire indispensable à l'usage de la carte.

Pour les grands voyages les aviateurs ne pourraient pas toutefois employer la carte au $1/80.000^e$. Ils prennent généralement dans ce cas la carte au $1/120.000^e$ qui est en couleurs et dans laquelle les voies ferrées, forêts, cours d'eau, etc., se détachent d'une façon parfaite.

ANNEXE III

STABILISATION AUTOMATIQUE

1. — Stabilisateurs.

On a cherché à stabiliser les aéroplanes au moyen de stabilisateurs automatiques, c'est-à-dire d'appareils agissant sur les commandes sous l'action de forces extérieures, indépendamment de la volonté du pilote.

Ces appareils agissent de deux façons :

1° Ceux qui corrigent le déséquilibrage consécutif aux perturbations (stabilisateur Moreau) ;

2° Ceux qui préviennent le déséquilibrage (stabilisateur Doutre).

Les premiers sont influencés par la rupture d'équilibre de l'appareil. Les seconds sont influencés directement par les perturbations sous l'action desquelles ils placent les organes de gouverne dans la position convenable pour recevoir la perturbation et prévenir ainsi le déséquilibrage.

2. — Organes stabilisateurs.

Les stabilisateurs proposés jusqu'ici ont été :

Le pendule,
Le gyroscope,
Des masselottes,
Des anémomètres.

Le pendule utilise la pesanteur comme force extérieure ; le gyroscope et les masselottes, l'inertie de la matière ; l'anémomètre, la résistance de l'air.

3. — Stabilisateur Moreau.

Il entre dans la catégorie des appareils qui corrigent le déséquilibrage après qu'il s'est produit.

C'est un stabilisateur pendulaire. L'aviateur est assis dans une nacelle suspendue au-dessous des ailes d'un monoplan, de telle manière qu'elle puisse osciller d'avant en arrière. Quelle que soit la position de l'appareil, le pendule reste vertical. Il commande directement l'équilibreur au moyen d'une barre rigide, et, par suite, il agit sur lui dans les variations d'inclinaison de l'appareil par rapport à la nacelle.

Il suffit de disposer convenablement les commandes pour que les mouvements ainsi communiqués au gouvernail de profondeur soient précisément ceux qui corrigent la perturbation d'équilibre. On se heurte, dans la pratique, à certaines difficultés d'application. En particulier, sous l'action de perturbations réitérées, la nacelle tend à prendre un mouvement d'oscillations périodiques qu'il faut freiner au moyen de ressorts. Tel qu'il est, cet appareil permet de faire des vols assez longs sans toucher aux commandes.

Par temps calme, par vent régulier et légers

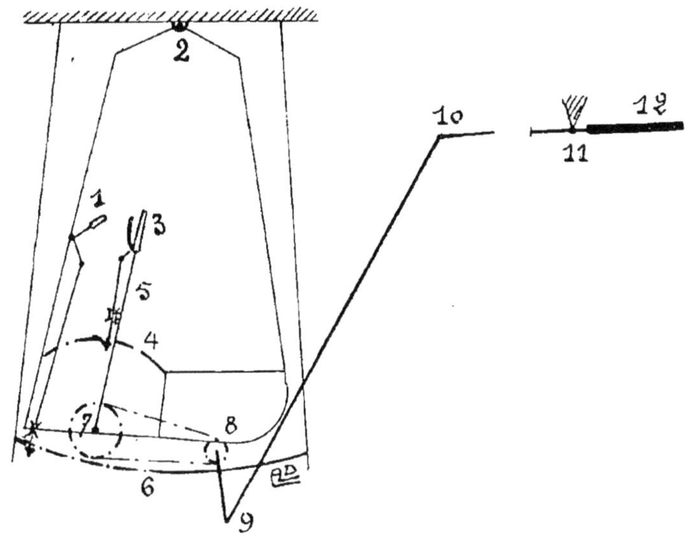

Le poste de pilotage de l'aérostable Moreau.

1. Manette des gaz du moteur : — 2, Point de suspension de la nacelle-pendule ; — 3, Poignée de commande irrépérative de profondeur ; — 4, Secteur d'arrêt ; — 5, Levier de commande ; — 6, Châssis ; — 7, Pignon de chaîne ; — 8, Pignon de chaîne ; — 9, 10, 11, Articulations des leviers-bielles ; 12, Équilibreur.

remous, on abandonne franchement les leviers et l'on peut parcourir de grandes distances sans les toucher, ne virant qu'avec la commande des pieds ; on ne touche le levier de profondeur que si l'appareil a une tendance à la montée ou à la descente.

Par temps troubles avec remous moyens, on peut également abandonner le levier de profondeur, pour prendre des notes ou faire tous mouvements utiles.

On peut se lever dans la nacelle, se déplacer violemment, se retourner pour examiner l'arrière, ainsi que tous les agrès autour de soi.

4. — Stabilisateur Doutre.

Il entre dans la catégorie des stabilisateurs qui préviennent la perturbation. Il est à la fois anémométrique et à inertie.

Le stabilisateur Doutre comprend essentiellement deux organes.

Le premier est un anémomètre donnant à tout moment et instantanément la vitesse du vent relatif. Le second est une sorte d'accéléromètre mesurant à tout moment et instantanément l'accélération positive ou négative éprouvée par l'aéroplane.

L'anémomètre consiste en une palette recevant normalement le vent relatif. Elle est équilibrée sur deux ressorts, de telle sorte que lorsque la vitesse du vent relatif est celle de régime, la force des ressorts est vaincue et la palette vient se bloquer contre une butée. Si le vent relatif diminue, les ressorts repoussent la palette, laquelle entraîne avec elle le tiroir d'un servo-moteur pour mettre le gouvernail à la plongée. Dès que le vent relatif redevient normal, le gouvernail reprend sa position normale.

L'accéléromètre consiste essentiellement en deux masselottes mobiles chacune sur une tige placée dans la direction du vol, de manière à pouvoir se déplacer dès qu'une accélération positive ou négative se produit. Elles sont maintenues chacune par deux ressorts placés en avant et en arrière ; ces ressorts ont pour but de ramener les masselottes à leurs positions initiales dès que la machine a repris

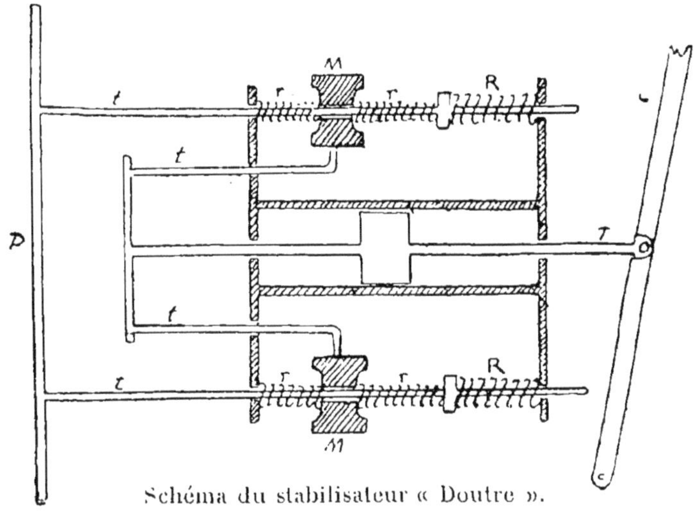

Schéma du stabilisateur « Doutre ».

une vitesse uniforme et ils s'opposent également à tout mouvement des masselottes lorsque, sans prendre d'accélération, l'appareil s'incline en avant ou en arrière.

En se déplaçant, les masselottes entraînent le tiroir d'un servo-moteur de commande du gouvernail et produisent, au moyen de celui-ci, le couple équilibrant l'effet de l'inertie sur l'aéroplane.

Abstraction faite des causes perturbatrices de l'équilibre, cet anémomètre et cet accéléromètre ont donc un but commum : le réglage de l'équilibre longitudinal ; il est donc intéressant de les grouper dans un dispositif unique qui permettra à lui seul de corriger tous les troubles ; c'est ce qui est réalisé dans l'appareil de M. Doutre.

Pour cela, l'anémomètre et l'accéléromètre agissent sur une tige unique commandant le tiroir d'un servo-moteur ; leurs mouvements viennent s'ajouter algébriquement sur cette tige, de sorte que le couple de rectification obtenu est égal à la somme des couples nécessaires pour maintenir l'appareil en équilibre ou l'aider à reprendre une position correcte.

Cette addition algébrique des mouvements de l'anémomètre et de l'accéléromètre est faite de la manière suivante :

Sur les tiges mobiles A qui sont reliées à la palette, sont montées les masselottes mobiles le long de ces tiges A et solidaires du tiroir T du servo-moteur. Les ressorts R′ équilibrent l'action du vent sur la palette ; les ressorts R enfilés aussi sur les tiges A servent, d'une part, à relier les masselottes M à la palette et, d'autre part, comme cela a été dit plus haut, à rappeler automatiquement les masselottes quand l'appareil reprend une vitesse uniforme et à s'opposer à tout déplacement des masselottes quand l'aéroplane s'incline en avant ou en arrière.

Par le déplacement d'une tige unique, la résul-

tante seule des indications données est enregistrée
et, par suite, sont exactement mesurés le coup de
gouvernail de profondeur et l'intensité et la durée
de ce coup de gouvernail. Toute variation dans
l'angle d'attaque amenant nécessairement une
variation correspondante dans la vitesse de déplacement de l'aéroplane, le *stabilisateur*, *par son
accéléromètre, corrige l'effet de son propre coup de
gouvernail* dans le temps même que l'appareil lui
obéit.

Les masselottes, en outre qu'elles mesurent
exactement tous les chocs reçus par l'aéroplane et
provenant d'une cause extérieure, ont sur le bon
fonctionnement même du stabilisateur un *effet ré-
gulateur* extrêmement intéressant et important.

5. — Stabilisateurs gyroscopiques.

On sait qu'un gyroscope est essentiellement
constitué par une masse animée d'un rapide mouvement de rotation. Cet appareil a la propriété de
s'opposer aux oscillations et de maintenir son plan
de rotation dans une position invariable. M. Re-
gnard a proposé d'utiliser un gyroscope suspendu
dans un cardan pour commander les gouvernails.
La position du gyroscope étant immuable, tous
les mouvements de l'appareil modifieraient la
position relative de l'aéroplane et du gyroscope.

Le « SPERRY ». — Le concours de 1914 pour la
sécurité en aéroplane a mis en lumière certains
dispositifs de stabilisation automatique et en pre-

mière ligne (puisque ce fut à cet appareil que fut
accordée la plus haute récompense) le stabilisateur
gyroscopique Sperry. L'inventeur constructeur de
cet engin est un vieux « praticien » du gyroscope
dont il connaît tous les caprices mécaniques, puisqu'il est le fournisseur de compas gyroscopiques de
la marine américaine. Il a réussi à éliminer l'action
nuisible des mouvements secondaires du gyroscope et à réunir quatre de ces délicats appareils
en un ensemble mécanique extrêmement précis
et sensible qui constitue une machine à réflexe,
un pilote automatique aussi parfait que possible
et produisant, pour chaque déséquilibre de l'avion,
la commande de sens et d'amplitude justement nécessaires au rétablissement de la position normale
de l'aéroplane.

L'ensemble sensible est constitué par 4 groupes
tournant autour d'axes horizontaux disposés en pé-
rimètre d'un carré. Les organes de manœuvre sont
des servo-moteurs à air comprimé mis en action
par le déplacement, par rapport à l'appareil, du
plan des axes des gyroscopes suspendus à la cardan.

Les expériences faites à Bezons avec un canot-vo-
lant « Curtiss » munis d'un stabilisateur « Sperry »
furent très concluantes : pendant le vol, à moins de
100 mètres du sol, passager et pilote quittèrent
leur place et allèrent excursionner dans les ailes à
travers les haubans, tandis que le pilote automate
rectifiait tous les déséquilibres résultant de ces
déplacements de poids et assurait constamment un
vol parfaitement correct.

PROGRAMME

des connaissances techniques exigées des jeunes gens membres des écoles d'aviation ou sociétés aéronautiques, qui demandent à être incorporés dans les troupes d'aéronautique au titre de l'aviation.

A. — Examen oral.

NOTIONS GÉNÉRALES SUR L'AVIATION

Notions sommaires sur les forces agissant sur un aéroplane en marche.

Différents moyens employés pour obtenir la stabilité longitudinale et transversale.

Organes de manœuvre.

Notions générales sur les moteurs employés en aviation.

B. — Examens pratiques.

MANIPULATION ET RÉPARATIONS DU MATÉRIEL D'AVIATION

Le candidat devra pouvoir exécuter une réparation par des moyens de fortune, à savoir :

1° Nœuds : ganse, boucle, nœud simple, nœud droit, nœud simple gansé, nœud coulant simple avec arrêt, amarrage en tête d'alouette, amarrage avec nœud de batelier, amarrage avec demi-clefs, nœud de galère, épissures, ligatures et transfils ;

2° Reconnaître le fer, l'acier, le laiton, le bronze, l'aluminium et autres métaux en usage ;

3° Reconnaître les différentes sortes de bois : sapin, frêne, noyer, peuplier, etc. ;

4° Reconnaître les différents entoilages : coton, lin, tissu caoutchouté, etc. ;

5° Reconnaître les essences, les huiles, le pétrole, le vernis, la graisse, et spécifier leur emploi en aviation ; précautions à prendre ;

6° Mettre en place un hauban en corde à piano ;

7° Même travail avec tendeur à vis, avec petit câble en acier (boucles épissées avec cosses en cuivre) ;

8° Régler un élément de voilure ou un fuselage d'aéroplane ;

9° Régler les commandes des organes de direction ;

10° Faire un point de rapprochement dans le cas d'une déchirure à la toile et coller ou coudre une pièce sur celle-ci ;

11° Réparer un pneumatique (chambre à air et enveloppe) ;

12° Entretien d'un aéroplane ; soins généraux à donner aux moteurs, aux autres parties métalliques, aux bois et aux toiles. Outillage utilisé pour l'entretien.

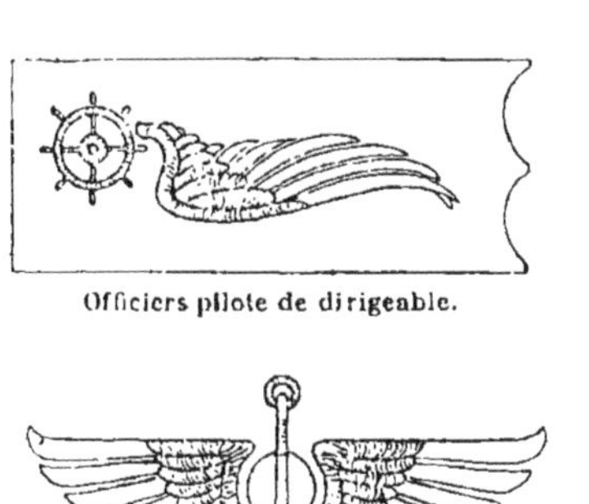

Officiers pilote de dirigeable.

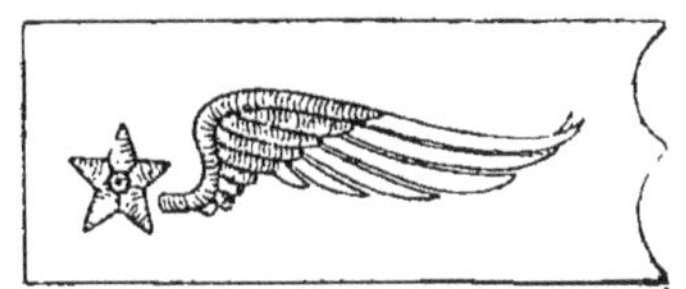

Officier aviateur.

Sous-officier aérostier.   (brodé rouge et or).   Sous-officier aviateur.

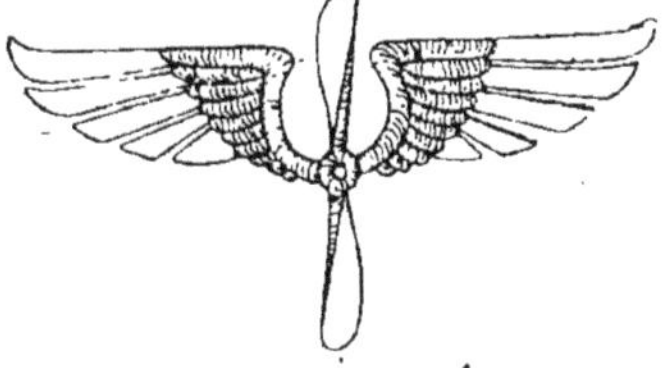

Sapeur aérostier   (drap rouge estampé)   Sapeur aviateur

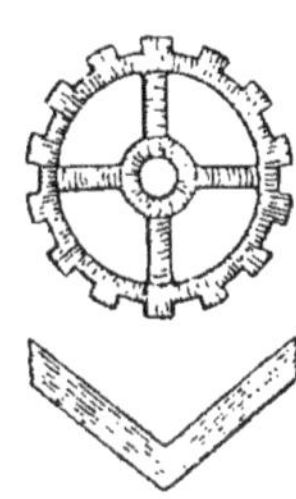

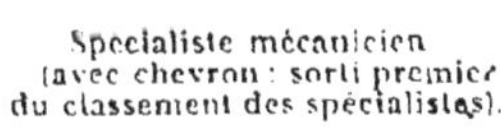

Spécialiste mécanicien
(avec chevron : sorti premier
du classement des spécialistes).

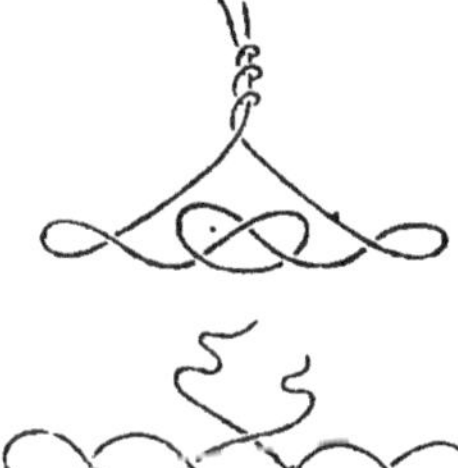

Spécialiste tailleur de ballon,
ou voilier d'aéroplanes
et spécialiste cordier

Les insignes de l'Aéronautique militaire.

C. — Insignes des aviateurs.

M. René Besnard, sous-secrétaire d'État de l'aéronautique militaire, a pris une décision relative aux insignes portés par les hommes appelés aux différents services de l'aviation.

Désormais les écussons et passepoils, orangés pour l'aviation, noirs pour l'aérostation, distingueront seuls ces différents services.

L'insigne général que portait au bras droit tout le personnel et qui était, pour l'aviation, une hélice ailée, pour l'aérostation une ancre ailée, sera maintenant réservé à ceux qui effectueront réellement des vols, soit comme pilotes, soit comme observateurs, comme passagers ou comme mitrailleurs.

TABLE DES MATIÈRES

ANNEXES

4042. — Tours, imprimerie E. Arrault et Cⁱᵉ.

9 782013 698979